Anne-Marie Auvergne

Secrets touchant la medecine

Anne-Marie Auvergne

Secrets touchant la medecine

ISBN/EAN: 9783337763985

Printed in Europe, USA, Canada, Australia, Japan

Cover: Foto ©berggeist007 / pixelio.de

More available books at **www.hansebooks.com**

SECRETS

TOUCHANT

LA 3012*

MEDECINE

A PARIS,

Chez MICHEL VAUGON, sur
le Pont au Change, à l'Image
Saint Michel.

Et chez PIERRE PROME', sur
le Quay des Augustins, à la
Charité.

_____

M. DC. LXVIII.

Avec Privilege du Roy.

AVERTISSEMENT

sur ce Recueil.

ON n'auroit pas raison de rejetter ou de con-damner ce Recueil de Recettes, sur le pretexte qu'il y en a desja plusieurs, & qu'aparamment celuy-cy n'a rien de nouveau. Hors un Onguent ou deux, qui pour leur utilité doivent avoir place dans tous les Recueils. On a tâché de ne rien repeter dans celuy-cy de ce qui est dans les autres. Les Recettes qu'on y a comprises ont été éprouvées par des personnes

AVERTISSEMENT.

exactes judicieuses, intelligentes. Ce n'est pas d'aujourd'huy que ceux à qui Dieu a donné de la compassion & de la charité pour les pauvres, que leur état seul rend malades, ou que leurs maladies mêmes reduisent à la pauvreté, comme le marque l'Evangile, ont publié de ces ramas de Recettes, lesquelles dépendent de l'experience seule, qui ne font pas précisément assujetties au circuit des formes de l'art. Ces personnes ont crû quand il étoit question de soulager le prochain, & de rendre à JESUS-CHRIST en la personne de ses pauvres les offices dont l'omission seule damnera tant de gens, qu'on pouvoit & qu'on devoit l'entreprendre, sans craindre, ou la censure, ou le chagrin de qui que ce soit. L'Auteur de la Vie de Gregoire Lopes qu'on peut appeller le Saint Antoine des der-

niers fiecles & du nouveau Monde, en fournit une illuftre preuve
au Chapitre VIII. de cette Vie,
traduite & imprimée en 1674.
Ce Saint homme voyant, dit cét Auteur, *que dans l'Hofpital de Guafte-*
per dans la Mexique , où lors il
étoit en folitude : *il n'y avoit point*
de Medecin ny de Chirurgien ordinai-
re. C'eft juftement l'état de nos
Pauvres : ils en ont quelques fois :
mais le plus fouvent ils en man-
quent : *Il fit pour la guérifon des*
Malades , un Livre de plufieurs Recet-
tes fort éprouvées dans lefquelles en-
troient diverfes plantes dont il con-
noiffoit les proprietez. Il l'écrivit
de fa main, & fi bien, qu'il paroiffoit
imprimé. On en fit plufieurs copies,
qu'on envoya en divers lieux , & par-
ticulierement aux Hôpitaux. Les
Freres de l'Hôpital fe fervoient auffi
de ces Recettes, dans les maifons des
lieux d'alentour, & faifoient avec ce-

AVERTISSEMENT.

la des cures incroyables , en sorte que l'on auroit crû que l'Auteur de ces ex-cellens remedes , auroit durant plu-sieurs années étudié en Medecine.

Ce méme Auteur dans le Cha-pitre XIII. de cette Vie , remarque encore cecy , comme je l'ay dit ail-leurs, *Pour les gens de la Campagne, & les Pauvres, un Livre d'excellen-tes Recettes faciles & éprouvées , avec des compositions , dans lesquel-les entrent divers simples.* Il prenoit un grand plaisir à donner de ces Re-cettes écrites de sa main , par le desir qu'il avoit de servir dans ses maux le prochain , dont il avoit une extre-me compassion , & Dieu qui benissoit sa charité faisoit reüssir admirable-ment ses Recettes. On ne sçauroit authoriser par un exemple plus formel & plus convaincant les Re-cueils de Recettes. Il seroit à souhaiter que Dieu qui mit au cœur de ce Saint Solitaire , celuy qu'il fit, portaſt auſſi en nos jours les perſonnes appliquées par charité au ſecours & au ſoulagement des Pauvres Malades à communiquer au public, auſſi bien que Gregoire Lopes, ce qu'ils ont éprouvé de plus propre pour donner du ſoulagement aux malades. On ſçait que feu Monſieur de Renty, dont la charité toute ardente & toute éminente, s'appliquant avec ſuccez au ſecours des plus incurrables Maladies, avoit divers remedes excellens. On a donné depuis peu ceux de Madame Fouquet, avec leſquels elle à tant fait de cures, & preſervé tant de familles de la deſolation où les jettent les maladies longues, fâcheuſes, difficiles, & qui rebute tout le monde

On ne pretend point que ceux qui auront à ſe ſervir des Recettes qu'on donne icy pour les mettre en œuvre, ne puiffent confulter les moyens de l'art : car on fçait que le difcernement des maux, des lieux, des perfonnes & des temps, doit conduire l'application qu'on en fera. Galien méme a recueilly un tres grand nombre de Recettes, qui font exposées comme les autres à l'inconvenient de pouvoir en faire ufage mal à propos & à contre temps. Quelque exact qu'il ait pû être, il y a bien de l'apparence qu'il n'a pas fait l'experience de toutes celles qu'il a laiffées. On a donc fujet d'efperer de l'équité & de la lumiere de Meffieurs les Docteurs en Medecine, qu'ils ne defaprouveront pas ce Recueil, où on a tâché de ne rien mettre que d'utile, de fimple & de fort éprouvé. On s'eft proposé de foulager les perfonnes qui par des entrailles de compaffion s'appliquent à vifiter les Pauvres malades, on leur épar-

AVERTISSEMENT.

gnera du moins la peine & le foin d'écrire des remedes, puifqu'elles les trouveront icy. C'eſt a leur charitable follicitude qu'on offre ce Recueil, & l'on demande à Dieu pour ces perfonnes, & pour tous ceux qui fecourent comme elles les Malades, que par fa grace il répande de plus en plus dans leurs cœurs l'amour pour luy, qui fait le prix, comme le merite de celuy qu'on a pour le prochain, ainfi que ce double amour accomplit parfaitement la Loi nouvelle, qui eſt la Loi de la Charité.

EXTRAIT DV PRIVILEGE du Roy.

Par grace & privilege du Roy, donné à Paris le vingt-neuf Avril mil six cens soixante & dix-sept, Signé POBLET. Il est permis à Michel VAUGON, Marchand Libraire à Paris, de faire imprimer un Livre intitulé, *Secrets touchant la Medecine*, par tel Imprimeur qu'il voudra choisir, & en tel volume, marge, carractére, & autant de fois que bon luy semblera, pendant le temps de dix années consecutives, à commencer du jour que sera achevé d'imprimer ledit livre, iceluy vendre & debiter par tout nôtre Royaume. Faisons deffenses expresses à tous Libraires, Imprimeurs & autres, d'imprimer, vendre & debiter ledit

Livre, fous quelque pretexte que ce foit, d'impreſſion étrangere ny autrement, fans le confentement dudit expofant ou de ceux qui auront droit de luy à peine de confifcation des exemplaires contrefaits, & de deux mil livres d'amande payable fans deport par chacun des contrevenans, applicaple un tiers à Nous, un tiers à l'Hôpital General, & l'autre tiers audit expofant, & de tous dépens, dommages & interefts, à la charge de mette deux exemplaires dudit Livre en nôtre Biblioteque publique, un en celle du cabinet des Livres de nôtre Château du Louvre, & un en celle de nôtre tres-cher & feal, Chevalier Chancelier de France le fieur d'Aligre, à peine de nulité des prefentes. Du contenu defquelles mandons & enjoignons faire joüir l'Expofant ou ceux qui auront

droit de luy , pleinement & paifi-
blement , ceffant & faifant ceffer
tous troubles & empefchemens
contraires , ainfi qu'il eft plus am-
plement porté par lefdites Lettres
de Privilege.

*Regiftré fur le Livre de la Communauté
des Marchands Libraires , & Imprimeurs
de Paris , le 7. Septembre 1677. Suivant
l'Arreft du Parlement du 8. Avril 1653.
& celuy du Confeil Privé du Roy du 27. Fe-
vrier 1665, Signé COVTEROT, Scindic.*

Achevé d'imprimer pour la
premiere fois le 16. Avril 1678.

SECRETS

SECRETS
TOUCHANT
LA MEDECINE.

Pour les Rumatismes.

IL faut frotter aupres du feu
avec un linge la partie affligée,
& prendre de l'huile de fureau,
dans laquelle l'on meflera cinq ou
fix goutes d'efprit de vin & on frot-
tera le mal le foir & le matin, avec
un torchon gras que l'on prendra
le foir en fe couchant ; dans lequel
l'on mettra de la cendre chaude,
& l'on le mettra fur le mal.

Autre.

L'Emplâtre de poix blanche de
Bourgogne faupoudrée de
fleur de fouffre & appliquée fur la
partie.   A

Pour le Rume.

DE l'ambre jaune ou karabé, en jetter une poignée fur un réchaut, en refpirer la fumée, elle arreftera le cours du Rume qui coule par le nez, ou par la bouche.

Onguent à la brûlure fort fouverain.

DU fuppoint, c'eft un fuif qui fe vend chez les conroyeurs. Faites le fondre dans une poëfle fur un feu qui ne foit pas trop violent ny trop ardent, & quand le fuppoint fera un peu plus qu'à demi fondu, prenez-le & le mettez dedans des crottes ou fiante de cheval les plus nouvelles, les plus fermes & les plus entieres que vous pourrez trouver; & ce à proportion de la quantité de fuppoint que vous aurez. Faites cuire le tout enfemble, en remuant & incorporant l'un & l'autre avec une fpa-

tule de bois sur un feu doux pendant une demie heure , & si les
drogues enflent & se levent , il
faudra ôter la poesle de dessus le
feu. Apres cette demie heure, il
faut ôter la poesle & verser dans
un linge toute la drogue , & que le
linge soit au dessus d'un grand vaisseau plein d'eau froide ; ou l'on fera tomber tout ce qui coulera au
travers du linge , que l'on torde-
ra fort afin d'en exprimer tout
ce qu'il y aura de liquide dans
l'onguent , il se congelera dans
cette eau , qu'on versera ensuite
pour separer à part l'onguent, que
l'on mettra dans des pots où on
pourra le faire fondre pour s'en
servir.

Maniere de se servir de cét onguent.

IL faut prendre de cét onguent,
& le mettre sur une assiette ou
une petite écuelle, le faire fondre

A ij

ſur un peu de feu ; enſuite prendre une plume , tremper la barbe
de cette plume dans cét onguent
fondu , & en graiſſer la partie brûlée , doucement & à pluſieurs fois,
& cela deux fois le jour , le matin
& le ſoir ; il faut prendre garde
pour graiſſer le mal que l'onguent
ne ſoit point trop chaud. Quand
on a ainſi graiſſé la partie brûlée,
il faut, ſi ce n'eſt au viſage où il ne
faut rien , l'enveloper d'un papier
broüillard & d'un linge par deſſus,
& ſe ſervir toûjours du même papier pour enveloper le mal. Sur
tout, quand on eſt brûlé en des
endroits où les parties pourroient ſe coller & s'attacher les
unes aux autres; comme aux doigts
de la main , des pieds , au menton,
ou ſous l'aiſſelle , il faut bien mettre du papier à ces endroits , & entre les parties, de peur qu'elles ne
s'attachent enſemble.

Pour la toux.

VN gros morceau de fucre candy, concaffez-le, & le reduifez en poudre, faites durcir plufieurs œufs, coupez-les par la moitié, tirez-en le jaune & rempliffez le blanc de la poudre dudit fucre, & puis rejoignant l'œuf, liez-le en croix avec de la laine, & mettez les œufs dans un plat ou baffin à la feneftre le foir au Soleil couchant, il fera forti le lendemain matin un fyrop dont on prend plufieurs cueillerées, fuivant que la toux eft plus ou moins opiniâtre.

Pour les maux de Reins, qui font efpeces de gravelles.

DEs cloportes qui fe trouvent fous des pierres, les bien laver dans du vin blanc, & apres qu'ils feront bien effuyés & feichez en forte qu'ils ne fentent plus le vin , pilez en vingt ou vingt cinq, & quand ils feront pilez, mettez les dans une cuiller avec de l'eau propre au mal pour lequel on prend les cloportes ; comme fi c'eft pour le mal de reins, gravelles, ou difficulté d'uriner, de l'eau diftilée de betoine, ou autre bonne aux reins, de cette façon là, on prend les cloportes crus apres qu'ils feront bien pilez, c'eft la meilleure maniere. Il les faut prendre à jeun.

Pour l'efquinancie.

DEs cloportes une quantité fuffifante pour en faire un bandage avec un linge, pour mettre autour du col fans les preffer, en forte qu'ils demeurent vifs : Et en mefme temps avoir du cryftal mineral fin, repaffé trois fois avec le foulphre , puis repafsé fur fon propre efprit qui eft efprit de Nitre & deffeiché, en prendre autant

qu'il en peut demeurer fur la pointe d'un coûteau en poudre, l'incorporer avec autant de fucre rozar,
& de cela mettre dans la bouche
peu à peu, & l'y laiffer fondre à
trois ou quatre fois de fuite, & en
méme nuit, ou méme jour.

Autre.

DEs porreaux, coupez en tronçons & les mettez cuire avec
du vinaigre & de l'eau, dans un
poëflon, & lors qu'ils feront reduits
en compote, on retire le poëflon
du feu & avec un entonnoir on fait
recevoir la fumée au patient à diverfes reprifes & autant qu'il peut
puis on prend les porreaux auffi
chauds qu'on les pourra fouffrir
pour en faire cataplafme fur le mal.

Maniere de prendre le quinquina.

OBfervez l'heure de l'accez de
la fiévre quarte, & douze

heures auparavant pour le moins, on fera mettre la prife de quinquina, qui eft de deux gros en poudre fubtile, on la délayera dans un demy feptier de bon vin blanc, puis on remuera le vaiffeau, on le bouchera, & on le gardera jufques au premier moment de l'accez; quatre heures avant cét accez le malade prendra fa derniere nourriture, qui fera un boüillon, & ne prendra pas méme une goutte d'eau depuis ce temps là jufques à fondit accez. Au premier fentiment de l'accez, il remuëra encore fon vin blanc avec la poudre, & avalera le tout; il fe tiendra couvert, & ne boira point encore que quatre heures apres, alors il boira tant qu'il voudra apres. Dans l'accez fuivant il obfervera la méme methode, & au troifiéme encore de même, fiévre ou non, & il ne mettra auffi que la moitié du vin

& une demie doze de poudre.

Tifanne rafraichiffante.

PRenez une poignée de pimpenelle autant de cerfuëil & autant de chicorée, coupez le tout
bien menu, il faut avoir une ruelle
de veau pefant quatre livres, la
bien battre, la couper par tranches,
la mettre dans un pot de terre, en
faifant un lit des herbes, & un lit
de viande, puis bien couvrir le pot
avec un cordon de pafte autour du
couvercle pour empefcher qu'il
n'ait point d'air, mettre le pot fur
un peu de braife pendant deux heures, en forte que le jus fe faffe fans
boüillir.

Autre pour humetter, rafraichir &
rendre le ventre libre.

RUbarbe de moines, ou patience fauvage trois gros, une poignée de chicorée fauvage, une

poignée de pimpenelle , & une poignée d'aigremoine , quatre pintes
d'eau , coupez toutes les racines &
herbes par morceaux , & la rubarbe ou patience fort menu faire
boüillir tout cela jufques à ce qu'il
foit reduit à trois pintes qui eſt le
quart de diminution , avoir la peau
de la moitié d'un citron coupé fi-
nement comme l'on fait les peaux
d'orange pour mettre dans le vin,
avec un demy gros de reglice nette
& feiche divifée en filets, mettre
ces deux chofes dans la tifanne tirée du feu, couvrir le vaiffeau pour
le laiffer froidir. En cét état, il la
faut paffer, & preffer un peu , laiffer repofer la tifanne vingt quatre
heures, puis verfer doucement dans
un autre vaiffeau ce qu'il y aura de
clair fans lie, que l'on laiffera au
fond.

Lavement rafraichiffant.

IL faut prendre une livre de veau coupée par petits morceaux, & les mettre dans un coquemart de deux pintes, & faire reduire le tout à une pinte pour faire deux lave-mens ; on en prend le foir lors qu'on fe veut coucher , pourveu qu'il y ait trois heures que l'on ait foupé , le fecond lavement eft pour le lendemain , s'il ne fait point chaud, car l'eau de veau ne fe gar-de point. Ce remede eft merveil-leux pour les bons effets que l'on reffent.

Pour l'Apoplexie ftomachique.

FAire fondre une bonne poi-gnée de fel commun dans un verre de vinaigre , lors qu'il fera fondu faut le paffer par un linge pour en ôter la faleté , faire avaler au malade ce vinaigre, à une, deux

ou trois fois, & peu de temps apres
il ne manquera pas de vomir & de
revenir un peu à lui-même, un peu
de temps apres son vomiſſement
il le faut ſeigner & donner quelques lavemens purgatifs , & le
tourmenter par des mouvemens de
toutes manieres , pour l'empeſcher
de dormir juſqu'à ce que ſe trou-
vant tres affoibli la fiévre luy ſur-
vienne, & commencer ce mouve-
ment lors que la fiévre diminuë,
& faire en ſorte qu'il ait la fiévre
au moins vingt quatre heures ſans
dormir ; apres quoy il ſera laiſſé
en repos afin qu'il puiſſe dormir.

Pour rougeurs , demangeaiſons &
chaßie des yeux.

PRenez deux onces d'eau roſe
& autant de vin blanc gros
comme la moitié d'une féve de tutie miſe en poudre , remuer tout
cela enſemble & en frotter les yeux,

cela cuit tant que le mal dure, mais peu de temps apres , & si tost que l'on est guéri cela ne cuit plus.

Rhumatismes des Cuisses, Jambes & bras.

PRenez un gros linge vieux, avec de l'eau chaude dessus.

Pour la retention d'urine.

PRenez une dragme d'alun Romain dissous en une chopine d'eau pour prendre à deux fois.

Le crachement du sang.

DU vinaigre, & avec la pointe d'un coûteau en laisser tomber trois goutes dans un verre d'eau, cela l'arreste aussi tôt.

Pour arrester la gangrene.

BOire trois cuillerées d'eau de vie pure.

Onguent pour la brûlure.

LE meilleur est celui qui se fait
simplement avec l'huile vierge, ou plûtot de l'huile des quatre
semences froides tirée sans feu,
battre long-temps dans de l'eau
de plantin aussi tirée simplement,
ou de l'eau de fray de grenouil-
les jusques au point d'en faire une
espece d'onguent, y ajoûtant fort
peu de cire vierge fonduë pour en
faire le corps,

Pour la gravelle.

DU cresson, de l'argentine,
des lentilles de marais, de
chacun une poignée, proprement
lavées, on les fera cuire dans trois
chopines d'eau, pendant environ
un quart d'heure, puis l'ayant passé, mettez-y un citron demy coupé par rouelles avec l'écorce, &
environ quatre onces de sucre fin;

puis étant fondu , on y ajoûtera
environ quinze goutes d'efprit de
fel , on le laiffe ainfi infufer environ quatre ou cinq heures , puis on
en donne un verre ou deux le matin , & un verre le foir fi on a le
temps , les remedes generaux doivent précéder , finon les lavemens

Le Bouillon rouge composé de huit fortes d'herbes.

Ourrache, buglofe, chiendant
pifſenly , racine de chicorée ,
d'ofeille , fraifiers & aigremoine ,
on prend de chacune poignée ,
fueilles & racines , qu'on lavera ,
bien , & mettre le tout dans une
marmitte de fer de quatre ou cinq
pintes qu'on fera reduire à moitié,
puis on la remplit , & on la laiffe
bouillir encore une demie heure,
puis on laiffe le tout dans la marmitte en un lieu frais , on en prend
le matin à jeun plein une grande

écuelle , & méme deux, mêlez
avec le tiers de boüillon gras, à
une heure l'un de l'autre. L'apres
dîner on en peut prendre apres la
digeſtiõ, qui eſt d'ordinaire quatre
heures apres le repas, on le prend
pur ou mêlé, méme avec ſyrop ou
limonade, plus on en prend, plus
il fait, & tient dans la veritable
temperature où on doit être.

Pour degager le cerveau plein d'obſtru-
ſtions & de mauvaiſes vapeurs.

IL faut prendre du lait de ché-
vre dans la main & le reſpirer
par le nez trois ou quatre fois cela
le degage tout à fait.

Pour le mal de teſte.

IL faut prendre de la poirée &
la piler, en prendre le jus & le
mettre dans le creux de la main &
le reſpirer par le nez: il le faut prendre à jeun & ne pas ſortir de deux
heures apres.

Pour les coliques bilieuses on venteuses.

IL faut prendre douze ou quinze poireaux, les couper par morceaux dedans un chauderon, & les faire cuire dans une peinte de vinaigre pendant trois ou quatre heures ; lors qu'ils feront cuits, il les faut retirer avec une écumoire, & les appliquer avec la main, afin de ne pas brûler le malade fur la peau du côté de la douleur vers le cœur. Aprés il faut tremper une ferviette que vous plierez en quatre doubles dans le vinaigre qui fera refté dans le chauderon, & la mettez fur lefdits poireaux & la banderez avec une autre ferviette feiche, & fe tenir couché fur le dos pendant deux heures, & enfuite vous prendrez un lavement avec miel & lenitif.

Pour l'erefipelle.

IL faut prendre du fang d'un liévre pris à force, en luy ouvrant le
ventre , & en moüiller un linge
que l'on applique fur la partie malade , & il peut fervir deux ans
durant.

Quand on a fait une cheutte.

IL faut boire d'abord un grand
verre d'eau fraifche , & uriner.

Contre la pierre & la gravelle.

IL faut avoir de l'eau d'oignon
blanc diftilé au bain Marie, &
les matins en jetter environ fix
goutes dans du vin blanc qu'on
boit à jeun , & l'on ne tardera pas
à en reffentir un grand foulagement.

Contre les fluxions.

SE frotter tous les matins avec un linge fec le derriere des oreilles, & couler ainfi le long des machoires & des dents, cette friction faite au fortir du lit , diffipe toutes les humeurs mauvaifes, mieux que toutes les emplâtres qu'on pourroit appliquer fur les parties, & fe frotter les pieds avec du fuif.

Contre le poifon.

DEs que l'on fe fent attaqué & avant que le venin ait gagné les parois de l'eftomach , il faut avaler un verre entier de fon urine.

Pour humecter & rafraichir.

FAire tuer des corneilles & des corbeaux , qui font d'un naturel fort humide, puis les faire

boüillir dans de l'eau jufques à con-
fommation , mettre du froment
dans une chaudiere & faire boüillir la chair qui refte de ces oifeaux
avec ce grain , & puis en former
une pafte dont on nourrit des pou-
lets & poulles , & en manger à fon
ordinaire, cette fubftance fait de
tres bons effets fur un temperam-
ment fec.

Rhumatifmes.

IL faut faire boüillir fur le feu
un verre de fon urine , puis s'en
faire baffiner la partie affligée,
puis fauffer un linge mis en double
fur icelle , puis l'appliquer fur le
mal avec une ligature , cela con-
fomme & diffipe entierement l'humeur.

Contre la fciatique.

L'Ecorce des feves lors qu'elle
eft meure, & la pulverifer

ayant été feichée au four , puis la
mettre dans deux doigts de vin
blanc , le foir la laiffer infufer la
nuit , & l'avaler le matin , elle fera
fort uriner , & jetter les ordures
qui font la caufe de ce mal.

Contre la colique.

IL faut prendre de la fueille de
buis une poignée , & la piler
puis en mettre le jus dans un verre
de vin blanc l'y laiffer infufer vingt
quatre heures , & cela l'ôte abfolument.

Hui'e de primula veris, prime vere, vulgairement dite coucou , & herbe à la paralyfie.

ELle fe trouve dans les prairies
& lieux humides vers le temps
de Pafques , & a les fleurs jaunes.
Il faut cueillir quantité de ces
fleurs , & les mettre dans de l'huile
comme on fait celles de mille per-

tuis , les y laiffer fix femaines au
Soleil , & apres cela on peut fe fervir de cette huile.

Elle eft bonne contre toutes fortes de contufions, meurtriffeures ,
plaïes malignes, douleurs ou points
qui prennent aux épaules, aux cuif-
fes ou ailleurs , & en maniere de
laffitude. Contre la paralyfie des
membres , pourveu que ce foit au
commencement du mal : aux inflammations & enfleures qui vien-
nent aux membres bleffez , & où
il y a playe. Il faut froter de cette huile foir & matin la partie
malade long-temps avec la main
pour la faire imbiber , & appliquer par deffus de la veffie deporc,
& au deffaut de veffie, du vieuxpa-
pier frotté entre les mains pour,
l'amolir & bander davantage par
deffus.

Cataplasme.

POur resoudre les tumeurs qui arrivent aux plaies & membres bleffez, & pour faire percer les maux de mammelles, quatre poignées d'ozeille qu'on envelope dans un papier pour la faire cuire fous les cendres. Quand elle eft cuitte, on la met dans une terrine avec gros comme un œuf de faindoux, & autant de levain de feigle fi l'on peut en avoir, finon du levain ordinaire, battre le tout jufques à ce qu'il foit en onguent, mettez-en enfuite fur un linge pour appliquer fur le mal & au moins trois fois par jour jufqu'à refolution.

Autre pour enfleures & inflammations recentes, pour les detorses & pour les mammelles, lors qu'il n'y a point grande inflammation.

VNe chopine de vin, mie de pain blanc, ou tel qu'on pourra l'avoir, une cuillerée d'huile rosat, faire de tout une boüillie qu'on appliquera deux ou trois fois par jour chaudement ; quand c'est pour les mammelles, il n'y faut point d'huile.

Onguent pour maux de jambes, & autres.

LE jus de six poignées de plantain, de six poignées de fenneson, de six poignées de mouron rouge, de six poignées d'herbe de saint Jean, de six poignées de pimpenelle sauvage, de six poignées de toute bonne des jardins, de six poignées d'herbe à la reine ou nicotiane,

nicotiane, de fix poignées de croifette ou d'herbe demicroifée. La
dofe de tout eft de trois chopines ou environ de jus. Faut mettre
ces jus dans un pot neuf, y ajoûter
deux livres de beurre frais, demie
livre de graiffe de porc mafle, le
faire boüillir jufques à ce qu'il ne
refte que le beurre & la graiffe, y
ajoûter une livre de cire neuve:
& quand elle fera fonduë, il faut
retirer le pot de deffus le feu; lors
qu'il fera demi froid on y ajoûtera
quatre onces d'huile d'afpic, quatre onces de terebentine de Venife,
& on remuera le tout jufques à ce
qu'il foit tout froid.

Pour les goutes chaudes & froides
& autres maux.

Baume excellent qu'il faut faire au
mois de May & de Iuin.

FUeilles de laurier & rejettons
d'abfynthe, fueilles & fleur de
C

soucy & armoise, de chacune deux
pleines mains , le tout haché menu , Rejetons de sauge menuë & de
romarin fueilles & fleurs , de chacune trois poignées , huit manipu-
les de graine de geniévre , mettre
le tout dans un pot de terre vernisé , & verser par dessus de l'huile
d'olive, tant qu'elle surnage d'un
travers de doigt , laisser tout en
infusion dans une couche de fumier de cheval bien chaud , puis
faire cuire à un feu lent , & y ajoûter aprés la cuisson deux onces
d'huile d'aspic,& deux onces d'huile de petreole , un peu de cire jaune neuve , un petit verre d'eau de
vie, une douzaine de clouds de gerofle , remuer bien le tout , & luy
faire faire un petit boüillon sur le
feu ; puis couler à travers d'une
toille forte, pressant bien le marc
& la garder pour l'usage dans un
pot de grez. Lors qu'on s'en veut

fervir, il le faut faire un peu chau-
fer avant que de l'appliquer fur les
lieux douloureux, les ayant auparavant étuvez d'un peu de vin
blanc plus que tiede pour faire
mieux penetrer, & qu'on laiffera feicher aprés. On applique ce
baume en oignant la partie malade avec une plume ; & on y met
une compreffe & un bandage, &
on continuë deux fois le jour, jufques à ce que la douleur foit paffée.

Sa vertu eft, d'échauffer & fortifier, refoudre & diffiper, c'eft
pourquoi il eft bon à toutes fluxions froides, principalement aux
gouttes, où il y a enflures & re-
fidence d'humeurs, il eft auffi bon
pour froideurs & debilitez d'eftomach en s'en oignant. Il eft tres-
bon contre les coliques froides,
venteufes, tranchées des enfans &
des femmes nouvellement accou-
chées en s'en oignant le ventre : &

l'appliquant tout chaud avec du coton fur le nombril. Enfin à toutes maladies qui ont befoin de chaleur douce & refolution , à quoy il a été plufieurs fois éprouvé : on rebouchera bien la bouteille.

Contre la Gravelle.

PRendre vingtquatre grains de falpeftre préparé , les faire infufer dans du vin blanc cinq ou fix heures , depuis le foir jufques à minuit ou une heure , & le malade prendra le tout à ladite heure de minuit ou une heure, s'étant couché de bonne heure & fans fouper que d'un jaune d'œuf.

Contre morfures de Serpens ou de Viperes.

IL faut prendre de laigremoine, de la croifette, du guy de frefne & des fueilles de glatteron ou bardanne, piler le tout enfemble , &

en prendre un demy verre de jus, avec autant de vin blanc mêlez enfemble, mettre le marc fur la playe. Ce remede eft auffi bon pour les animaux que pour les hommes. Une des fufdites herbes à faute des autres peut empefcher le venin de s'étendre : lefdites herbes en poudre operent le même effet.

Emplâtre tres-excellent.

BOn à toutes les chofes où il eft befoin d'appliquer emplâtre : mais particuliérement aux grandes playes, peftes, charbons, & froncles ; & toutes autres tumeurs, lefquelles il perce & fait venir à fupuration. Bon pour la brûlure, de quelque nature qu'elle foit, fur tout pour celle de la poudre à canon. Il eft auffi excellent pour les playes caufées par les gouttes qui fe tiennent fraîches & en état par

l'application de cét emplâtre, qui
attire toutes les humeurs qui s'y
amaſſent, méme celles qui ſe ſont
petrifiées dans les Nodus & jointures. Il empêche auſſi que la Gan-
greine ne ſe mette aux ulceres &
playes où on le met. Il faut ſur
tout bien délayer les drogues les
unes avec les autres.

Drogues.

OPponax.   1. once & demie.
Bedelium.   1. once & demie.
Galbanum.   1. once.
Gomme Ammoniac. 1. once & de-
  mie.
Huile d'olives.   2. livre.
Cire jaune.   1. livre.
Litarge d'or.   1. livres & demie.
Oliban.   2. onces.
Myrrhe fine.   1. once.
Ariſtoloche ronde. 2. onces.
Momie d'outremer,   1. once.
Ambre jaune.   demie once.
Corail rouge.   1. once.

Corail blanc. 1. once.
Albatre. 1. once.
Pierre d'aimant. 1. once & demie.
Pierre Calcedoine. 1. once.
Maſtic. 1. once.
Calamite. 1. once.
Mere de perles. 1. once.
Therebentine de Veniſe. 4. onces.
Huile Laurin. 1. once.
Huile de mil pertuis. 1. once.
Huile roſat. 1. once.
Huile de camomile. 1. once.
Il faut faire diſſoudre les trois
gommes, Ammoniac, Opponax &
Galbanum, dans trois chopines de
bon vinaigre, puis les faire évapo-
rer juſques à la moitié, les paſſer
enſuite, pour en ôter les feces &
excremens, puis les achever de cui-
re juſques à ce que le tout ſoit en
conſiſtance de boüillie, & apres
les laiſſer repoſer juſques au beſoin.
Premierement, faut mettre l'Oli-
bon, Bedelium, la Myrrhe & l'En-

cens en poudre , pareillement l'A-
riftoloche , les Coraux , l'Ambre
& la Litarge d'or doit être tamifée
en poudre impalpable. Les huiles
de mil. pertuis, rofat & Camomille,
ne doivent fervir qu'à oindre les
mains pour mettre l'emplâtre en
rouleaux.

Compofition.

FAut mettre l'huile d'olives &
cire dans une grande terrine,
les faire chauffer fur le feu , puis
y jetter vôtre litarge d'or peu. à-
peu , & les faire cuire à petit feu ,
de charbon bien doux , quand le
tout fera employé , & que les huiles feront colorées , vous y mettrez
l'Ariftoloche , puis la Myrrhe,
l'Encens, le Bedelium, l'Oliban,&
remuerez toûjours le tout, de peur
qu'il ne brûle , puis vous y ajoûterez les Gommes, mais tout doucement , de peur que tout ne s'en-

fuie au feu : & s'il vouloit boüillir
trop fort,il faut mettre le cul de la
terrine dans un fceau d'eau pour
l'arrêter. Quand il commencera à
devenir noir , il faut y jetter la momie , le Corail rouge & l'Ambre,
en remuant toûjours , puis l'huile
Laurin & la therebentine toute la
derniere, & achever de faire cuire
jufques à ce que le tout foit en confiftance d'emplâtre fort brun , tirant fur le noir , & faut toûjours
bien remuer le tout , & le jetter
dans un fceau d'eau fraifche, d'où
vous le tirerez pour le pétrir
fur une table , & le mettre en rouleaux , ayant les mains ointes des
trois huiles fufdites.

L'eau de la Reine de Hongrie.

PRenez eau de vie diftilée
quatre fois, trente onces , &
fleurs & cimes de Romarin , vingt
onces que l'on mettra infufer dans

un vafe bien bouché, l'efpace de
cinquante heures , puis mettre le
tout dans un refrigerant, ou à faute, dans un alambic , pour faire diftiler au bain Marie.

On en prendra le matin une fois
la femaine le poids d'une dragme
avec la boiffon , ou avec la viande;
on s'en lavera la face tous les matins, & on s'en frotera le mal , &
les membres infirmes. Ce remede
renouvelle les forces , fait bon
efprit , fortifie les efprits vitaux
en leur naturelle operation refti-
tuë la veuë. Il eft excellent pour
l'eftomach & pour la poitrine
en s'en frottant par deffus. Il ne
faut point faire chauffer ce remede.

Pour guerir la teigne.

PRenez demie livre de gemme
fine , autrement de la poix,
demie livre de refine fine, un quar-

teron de poix de bourgogne, pour
huit deniers de fleur de froment,
cinq feptiers de bon vinaigre, &
y détrempez ladite fleur de froment, & apres mettez le tout enfemble dans un chauderon ou
poëflette, & le faites cuire jufques
à ce qu'il vienne comme boüillie,
que vous pouvez mettre dans des
pots de terrè pour la garder.

Lors que vous voudrez vous en
fervir, il faudra en faire emplâtres
fur de la toille neuve, & avant que
de les appliquer fur la tefte du malade, il faut couper les cheveux
le plus prés que faire fe pourra, &
graiffer la tefte de graiffe douce,
& mettre du papier deffus jufques
au lendemain, qu'on l'ôtera pour
y appliquer l'emplâtre, qu'on y
laiffera auffi jufques au lendemain,
& enfuite on la tirera à contrepoil
rudement, en allant vers le fom-
met de la tefte. Ce qu'il faut reï-

terer plufieurs fois, jufques à ce
que le mal guérifle. On pourra
quelquefois l'étuver avec du vin
tiede ou de l'urine,& apres le graiffer un peu avec graifle douce & y
appliquer l'emplâtre que vous y
laifferez jufques au lendemain.

Pendant qu'on traite le malade,il
ne faut pas qu'il mange,ail,oignon,
épice, falure, ny boire du vin, ny
qu'il ufe d'aucune chofe forte.

Remede averé par l'experience de plu-
fieurs fiecles, pour preferver de la
rage, tant les hommes que les ani-
maux mordus de befte enragée.

SI quelqu'un a été mordu d'une
bête enragée , & qu'il y ait
playe entamée, il faut devant toutes chofes, bien netoyer la playe,
la raclant avec quelque ferrement,
lequel ne puifle apres fervir à couper quelque chofe qu'on veüille
manger ; puis il faut bien laver &

étuver la playe avec de l'eau & du
vin tiede, y ayant mis 'au préalable
une pinſée de ſel, ou autant qu'on
en peut prendre avec trois doigts
dans une ſaliére ; la playe étant
bien nettoyée, il faut avoir de la
ruë, de la ſauge & des marguerites ſauvages, qui croiſſent aux
champs dans les prez, fueilles &
fleurs, s'il y en a, une pincée de
chacune ou davantage, à proportion du mal: on peut prendre un
peu plus de marguerites que des
deux autres ; prenez auſſi quelques
racines d'églantier ſauvage ou ro-
ſier, des plus tendres à proportion,
& ſi vous avez de la ſcorſonnaire
d'Eſpagne, prenez de ſa racine, &
hachez la avec celle d'églantier
bien menu, ajoûtez à tout cela cinq
ou ſix petites bulbes d'ail, pilez
premierement les racines d'églantier & la ſauge dans un mortier, &
ces deux étans pilez, mettez &

pilez encore dans le méme mortier tout le reste, ruë, marguerites, ail & racine de scorçonnaire
avec une pincée de gros sel ou un
peu davantage de sel blanc , mélant bien le tout par ensemble , &
faisant un mar de tout cela , prenez
de ce marc,& le mettez sur la playe
en forme de cataplasme, & si d'a-
vanture la playe est profonde , il
seroit à-propos d'y faire auparavant distiler du jus de ce marc,puis
en ayant mis sur la playe , il la faudra bien bander , & la laisser ainsi
jusques au lendemain : Cela fait,
sur le marc restant,qui sera environ
de la grosseur d'un œuf de poule,
vous jetterez un demy verre de vin
blanc ; ou à faute de blanc , un demy verre de clairet , & ayant mêlé
le tout avec le pilon dans le mortier, il le faudra passer par un linge, & bien épraindre tout le jus,&
le faire boire au patient à jeun , &

luy faire laver la bouche avec du vin & de l'eau pour luy ôter le mauvais goût, cette boiſſon eſt neceſſaire pour empécher que le venin ne ſaiſiſſe le cœur, ou pour l'en chaſſer, s'il y êtoit déſja arrivé. Il ne faut boire ny manger que trois heures ou environ aprés cette potion.

Il n'eſt plus beſoin les jours ſuivans, de racler ou laver la playe comme le premier jour, mais il faut au moins neuf jours durant y mettre du méme marc chaque matin, & prendre une ſemblable potion à jeun, ce qui ſe pourroit continuer ſans danger plus long-temps, ſi on vouloit : mais il y auroit du danger de n'avoir pas entiérement chaſſé ou amorty le venin, ſi on ceſſoit devant les neuf jours accomplis, ſi dans les neuf jours la playe n'eſt pas entiérement guérie, on peut par apres la faire penſer par un

Chirurgien jufques à la parfaite
guérifon. Les neuf jours paffez,
on peut librement converfer avec
le monde.

Pour les beftes qui auront été
morduës de quelque autre enragée,
il faut faire la méme chofe, finon
qu'il faut mettre du lait au lieu de
vin, parce que les bêtes n'aiment
pas le vin.

De tous les ingrédiens cy-deffus,
il n'y en a pas un qui ne foit tres-
commun, fi ce n'eft la fcorçonnai-
re qui eft une efpece de falcifix ou
barbe de bouc, qui a l'écorce de
la racine noire, & tres-excellente
contre toute fortes de venin, fpecialement contre la morfure de vipere & des bétes enragées : mais
elle n'eft pas abfolument neceffaire, non plus que la racine d'églantier, les autres étans fuffifantes toutes feules.

J'ajoûte que cette méme potion
eft

eft un excellent prefervatif contre
la pefte.

Poudre purgative.

IL faut prendre de la fcamonée
d'Alep, de la meilleure, la pulverifer dans un mortier bien net,
puis prendre de l'efprit de vitriol,
& de l'eau de canelle partie égale,
les mettre dans un plat, & y ajoûter une pinfée ou deux de rofes de
Provins feiches, ou des violettes.
Apres quoy il faut les ôter, puis
mettre cette poudre dans une
écuelle de terre de Beauvais pour
la délayer peu-à peu avec ladite
eau de canelle & l'efprit de vitriol,
& en faire une pafte & la fecher
fur un réchaud avec de la cendre
chaude, & fur lequel vous la laifferez douze heures pour la feicher
peu-à peu, afin de la pulverifer
une feconde fois, laquelle poudre
on mettra dans une boüteille de

D

verre bien bouchée, de peur qu'elle ne s'évente.

Pour la doze, elle est de quinze grains plus ou moins, selon que l'on est difficile à emouvoir. Pour la prendre, on la délaye avec un peu d'eau froide, puis on la met dans un boüillon, que l'on prend une heure & demie aprés, l'on prend encore un autre boüillon. Il faut bien prendre garde de n'avoir rien dans l'Estomach, lorsque l'on prend la dite poudre, cela seroit tres-dangereux.

Pour faire baume de Milpertuis, qu'on appelle aussi baume de Paracelse, excellent contre les blessures recentes & playes.

PRenez fleurs de Milpertuis qui fleurissent Jaune & les bien trier, qu'il n'y ait que la seule fleur, puis la mettre dans un pot neuf grand ou petit selon la quan-

tité du baume qu'on voudra faire,
il faut que ledit pot foit plein &
foulé defdites fleurs, & apres y
mettre de l'huile d'olives,tant qu'il
en pourra tenir, & mettre comme
un volet de bois tout rond, & un
linge entre deux pour fermer le pot
bien jufte, & le tenir dans un lieu
où le Soleil donne bien à plomb,
huit jours fans y toucher,& au bout
dudit temps, le mettre fur les cendres chaudes jufques à ce qu'il
bouïlle ; puis le paffer dans un linge affez délié dans quelque vaiffeau
propre à cela, puis vous remettrez
des fleurs de mil pertuis autant que
l'huile vôtredit pot fera capable
d'en recevoir, apres avoir jetté les
premieres, le tout fans remettre
d'autre huile, & faire ainfi jufques
à trois fois, puis apres vous pafferez dans un linge vôtre huile, &
tirerez tout ce que vous pourrez
en bien preffant vofdites fleurs, &

mettrez vôtredit baume dans une
bouteille de verre bien bouchée. Il
fera toûjours bon tant qu'il durera,
ledit baume n'eſt que pour guérir
les playes: il faut l'appliquer le plûtôt qu'on pourra fur la playe, elle
en eſt plûtôt guérie.

Pour s'en fervir, il le faut faire
chauffer,& le mettre le plus chaud
qu'on le pourra fouffrir. Si la plaïe
n'eſt que faite, il faudra mettre
l'huile avec une plume, puis prendre
du coton & le tremper dans ladite
huile pour l'appliquer fur la playe,
& y mettre une compreſſe deſſus.
Il faut penfer le patient deux fois
le jour, & fur tout tenir la playe
bien nette, fi la playe eſt profonde,
il faut y mettre une tente de charpie trempée dans ladite huile, &
pour nettoyer la playe, il faut prendre de l'eau & du vin tiede. S'il y
a inflammation à la playe, trempez une compreſſe dans de l'oxe-

crat, & la mettre fur le mal. Le
temps de faire ce baume eſt celuy
auquel on cueille les fleurs, &
c'eſt au mois de Juin qu'elles fleu-
riſſent.

Syrop pour la Paralyſie.

DEux onces de Scamonée pulveriſée & paſſée par le tamis
fin, cinq quarterons de beau ſucre
mis auſſi en poudre, & paſſé au tamis fin : le poids de quatre écus
de Rhubarbe en poudre, mêler
toutes ces poudres enſemble dans
un demy ſeptier d'une eauë cordia-
le, faite de chardon benit & de
chardon roulant, que l'on met par-
mi les poudres, & cinq demy ſeptiers de fort bonne eauë de vie ou
eſprit de vin, l'on mêle le tout enſemble dans une terrine de terre
plombée & verniſée, & on le met
ſur un réchaud de feu, & lors que
le tout s'échauffe un peu, faut avec

un papier mettre le feu à l'esprit de vin, l'on remuë toûjours jusques à ce que le Syrop soir fait. Etant refroidi, l'on le met dans une bouteille qne l'on bouche, & où on le garde.

L'on en donne depuis deux cuillerées jusques à trois, aussi-tost que l'on en a donné au malade, il luy faut donner la troisiéme partie d'un boüillon, qui le tiennent chaudement, il ne faut point dormir apres avoir pris le remede, & trois heures apres l'avoir pris, donner un boüillon.

Recepte pour la Collique billieuse.

FAites rougir úne ardoise bien nette quand elle sera froide, broyez-le dans un mortier le plus menu que faire se pourra, puis passez cette poudre dans un tamis fin, mettez-en une dragme dans un demi verre de vin rouge & le don-

nez à vôtre malade. Ce remede eſt
tres éprouvé , & fait ſon effet fort
promptement , il le faut prendre
lors qu'on a la colique.

Pour Hemoroides internes & externes.

IL faut prendre une demie once
de la ſarcoole, une demie once
d'onguent roſat , & un quart d'once d'huile de fleur de boüillon
blanc, mêlez le tout enſemble , &
en faire un onguent , & étant un
peu chaud en froter les hemoroïdes avec une plume deux fois par
jour : & ſi elles ſont internes, froter dudit onguent du coton , & le
faire entrer dans le fondement
avec une canulle.

Pour la Gravelle & la Colique Nefretique.

IL faut prendre du ſarment de
muſcat blanc ſec, le faire brû-

ler fur un âtre bien net, affembler
la cendre, & la laiffer confommer
durant vingt quatre heures, puis
la paffer au tamis fin , en prendre
trois onces, les mettre dans un vaiffeau net , faire boüillir dans un
poëffon un peu plus de demy feptier d'eau de fontaine, & toute
boüillante la jetter fur vôtre cendre, la remuër avec un bâton, afin
que l'eau penetre par tout, étant
penetrée, couvrir le vaiffeau , &
deux heures apres verfer ladite eau
doucement , & par inclination
dans un autre vaiffeau bien net, &
un quart d'heure apres le paffer à
travers d'un linge double dans un
autre vaiffeau, & le matin à jeun
la boire , & fe promener deux heures, apres la promenade un bouillon clair , & le lendemain reïterer
la même chofe.

Pour le poulmon affoibly.

IL faut ufer fouvent de raifins de Damas fans avaler le marc, vous n'en aurez pas ufé trois ou quatre livres que vous vous trouverez tout fortifié.

Pour fortifier la poitrine affoiblie.

VSez fouvent de raifins de Damas cuits dans du vin blanc pendant l'efpace d'un quart d'heure.

Contre le Rhûme.

PRendre le matin deux verres d'eau tiede, trois heures apres dîner, deux autres verres, & en fe mettant au lit encore deux autres verres.

Pour la migraine & furditez.

PRenez cinq ou fix fueilles de poirée ou plus, pilez-en les

E

côtes & les fueilles, exprimez-en le jus que vous tirerez par le nez envîron deux cuillerées. Pour garder de ce jus, il le faut laiſſer repoſer deux ou trois jours bien couvert, & apres cela on le verſe doucement dans une bouteille, & on met deſſus un peu d'huile d'olives, ou d'amandes, de peur qu'il ne s'évente.

Remede pour les goutes

HErmodates, Scamonée, Turbit blanc, Sucre fin, Regliſe, Canelle. Il faut prendre une demie dragme plus ou moins de chacune d'icelles, portion égale, le tout reduire en poudre & paſſer par une tamis fin : il en faut prendre le poids d'un écu, ou le poids de trois quarts d'un écu, cela dépend de la facilité ou difficulté qu'on a à être purgé. Il faut prendre cette medeci-

ne au decours des Lunes, faire
tremper ladite poudre le soir dans
un demi verre de vin blanc, & le
matin le bien mêler puis le prendre, & deux heures apres un bouillon, & garder la chambre. Il
n'en faut pas prendre dans la Ca-
nieule, ny dans les grandes chaleurs.

Ce remede est fort éprouvé, &
empefche même les goutes de revenir.

Vne eau dont la la composition est fort
facile & coûte peu, propre pour gué-
rir les maux des yeux, inflamma-
tions, tayes naissantes, grains de
verole, fistules lacrymales & au-
tres maux, à la reserve des tayes
inveterées & cataractes: pour gué-
rir les ulceres de toutes les parties
du corps, principalement celles des
jambes, pour guérir les dartres, Ere-
sipelles, brûlures, maux de sein,

E ij

*contufions , quand il y a inflamma_*
tion , & qu'il n'y a point apparence
de percer , goutes chaudes , humeurs
froides quand elles font ouvertes,
mules aux talons ouvertes , hemo
roides externes ; pour preferver d
la gangrene, foulager le fcorbut
la tigne & les efrouelles.

DEux livres de couperofe blan
che , une livre de vert de gri
pour trois cens quatre-vingt qua.
tre pintes d'eau de fontaine, de riviere, de cifterne ou de neige. Pour
faire une moindre quantité d'eau,
vous prendrez moins de drogues à
proportion. Par exemple , pour
vingt-quatre pintes d'eau, prenez
deux onces de couperofe, & une
once de ver de gris. Pour douze
pintes d'eau, une once de couperofe, & demye once de ver de gris :
Pour fix pintes d'eau, demie once
de couperofe & deux dragmes de

vert de gris : Pour trois pintes
d'eau, deux dragmes de couperose, & une dragme de vert de gris :
Pour trois chopines d'eau, une
dragme de couperofe, & demie
dragme de vert de gris, &c. La re-
gle étant de mettre toûjours les
deux tiers de couperofe & le tiers
de vert de gris.

Pour les yeux, les playes ordinaires, & les inflammations, on ne la
fait ny plus ny moins forte, mais
on la fait fervir à tout, horsmis
aux chairs putrefiées & gangrenées, qu'au lieu de 14. pintes, on
n'en fait que vingt pour le plus.

Vos drogues étant en poudre,
mettez les dans un vaiſſeau de terre qui refifte à l'eau boüillante, jettez vôtre eau bouillante fur vos
drogues, & ne faite jamais cette
eau qu'avec de l'eau bouillante ;
parce qu'autrement elle feroit plus
capable de nuire que de guérir.

Si vous voulez avoir de cette
eau en reſerve, parce qu'elle ſe garde tant que l'on veut étant bien
bouchée , mettez vos trois livres
de drogues dans un vaiſſeau de
terre , & mettez deſſus ſept ou huit
pintes d'eau bouillante pour garder. Quand vous en voudrez prendre de celle que vous gardez , faites bouillir autant d'eau que vous
voudrez, & la mettez dans un vaiſſeau , dans lequel vous verſerez de
vôtre reſerve , juſques à ce qu'elle
ſoit autant forte que vous deſire-
rez , ce qui ſe connoît ſelon qu'elle eſt plus ou moins trouble. Pour
en faire de cette maniere , il eſt neceſſaire d'en avoir quelque pratique , afin que la veuë ne ſe trompe
point. Il faut mettre un gros linge
au bout d'un bâton pour bien remuer devant que verſer de vôtre
reſerve , en la verſant vous la remuerez & l'agitterez ſouvent, par-

ce que la drogue va au fond, &
même toute préparée pour l'ufage,
il faut toûjours remuer vôtre eau
devant que d'en prendre, & ne s'en
point fervir que trouble.

Pour s'en fervir, il faut toûjours
la faire tiedir excepté en Eté, qu'il
n'importe pas.

Pour appliquer cette eau aux
yeux, on fe mettra fur le lit à la
renverfe & la tefte baffe, on mettra de cette eau dans une cuiller,
& on en prendra fept ou huit goutes avec le bout du doigt le foir &
le matin, qu'on fera couler dans
l'œil par l'endroit le plus proche
du nez. Si le mal preffe, on reïterera ce remede cinq ou fix fois le
jour.

L'on a éprouvé que de tremper
une compreffe dans ladite eau, &
la bander fur les yeux en fe couchant, fait un bon effet.

Pour les fiftules lacrimales, on

y fera entrer de cette eau , & on y mettra une petite tente de charpy trempée dans ladite eau , foir & matin , & on la rafraîchira tout le plus fouvent qu'on pourra.

Pour les ulceres , dartres, brûlures , erefipelles , contufions, maux de fein, chairs pourries & gangrenées , fcorbut , tigne , écroüelles, on lavera bien la partie avec cette eau tiede , & on y appliquera des linges trempez dans ladite eau foir & matin. Et fi le mal preffe, on les moüillera toutes les fois qu'ils feront fecs.

Il ne faut mettre la couperofe (qui doit être blanche dedans & jaune par deffus pour étre bonne) qu'en poudre, & lors qu'on veut l'employer, la battre & paffer fi l'on veut.

Pour la retention d'urine.

AMandes de gland de chefne, les piler en poudre fubtile, puis les paffer dans un tamis fin. Prendre le poids d'un écu de cette poudre, la mettre tremper dans la moitié d'un demi feptier de vin blanc, du foir au matin. Pour le prendre, il faut remuer le verre dans lequel il a trempé, pour brouiller la poudre & faire avaler le vin & la poudre au malade le matin, & qu'il y ait quatre heures qu'il n'ait pris de nourriture, le couvrir un peu, puis deux heures apres luy donner un boüillon. S'il n'eft foulagé, reïterer deux ou trois fois.

Eauë de fanté.

PRenez au mois de May des fleurs de jeune fauge, c'eft à dire, les petites cimes tendres, qui

commencent à boutonner , & ainſi
de celles de romarin , trois bonnes
poignées de chacunes , les coupant
menuës , & mettez le tout dans du
meilleur & plus fort vin blanc
qu'on pourra trouver le laiſſant
trois jours & trois nuits dans une
bouteille de la grandeur de trois
chopines , bien bouchée ſur ſimple
cendre chaude , le temps étant
paſſé , mettez le tout au preſſoir
pour en tirer toute la ſubſtance ,
mettez le marc dans un vaiſſeau
à part , & le lavez avec bonne eau
de vie , qui ſoit égale en quantité
à ce qui ſera ſorti du preſſoir , jettez le marc , & mettez le vin &
eau de vie rectifiée tout enſemble
dans un alambic , & le faites diſti-
ler , apres la diſtilation ajoûtez y
une chopine d'eau roſe , & une demie livre de ſucre candy , pour diſti-
ler le tout juſques au ſec au bain
marie.

En prendre le matin à jeun quatre ou cinq heures ou plus avant que de manger environ demi verre. Ce remede rejette toute forte de venin, guérit les fiévres telles qu'elles foient, purifie le fang, guérit l'hydropifie. Il eft bon fur tout à ceux à qui les mains tremblent, & qui font incommodez de la langue tumefiée qui les empêche de parler ; fortifie l'eftomach & le cerveau. En prendre quand on fent en avoir befoin, ou méme par précaution, & de temps en temps, fur tout à l'extremité de la vie, pour réveiller les fens & faire revenir les efprits. Il eft tres-bon pour les catherres, & des perfonnes font revenuës de maladies defefperées.

*Pour se preserver d'apoplexie, lors
qu'on en est menacé, avec une eau
pour ceux qui sont frappez
d'apoplexie.*

Empliſſez un linge fin, & le plus clair que vous aurez, de ſel commun ; vous vous en envelo-perez le coû les ſoirs avant que vous mettre au lit, & continuez tous les jours.

*L'eau contre l'apoplexie quand on en
est frappé.*

Une pinte de vin blanc ; une chopine d'eſprit de vin, trois poignées de meliſſe ou citronelle, épluchée & hachée, une once d'écorce de citron ſeiche, hachée & pilée, une once de noix muſca-de, & autant de coriande, demie once de clouds de gerofle, & au-tant de canelle, on concaſſera le tout ſéparément, & on fera infuſer

toutes ces drogues dans le vin &
l'efprit de vin enfemble, pendant
vingt quatre heures : on fera enfuite tout diftiler au refrigeratoire,
gardez cette eau bien bouchée, &
quand quelqu'un eft tombé en
apoplexie, il faut luy en donner,
une, deux, ou trois cuillerées, felon la violence du mal.

Pour faire baume rouge.

SIx onces d'huile de terebentine, trois onces d'huile de petreole, une once d'orcanette, les
mettre dans une bouteille de verre
double. Mettre la bouteille fur une
thuille devant un feu de charbon
pour la faire boüillir une heure durant. Quand elle commencera à
boüillir, il la faut tirer en arriere
petit-à-petit ; en forte neanmoins
qu'elle ne ceffe point de boüillir.
Il eft propre pour toutes fortes de
maux où il y a enflûre & fluxions,

& mêmes aux playes, pourveu qu'i
n'entre point dedans. Pour les goû.
tes fciatiques & autres goutes, dou
leurs , de rhumatifmes , les can
cers , les humeurs froides, les tu
meurs , enflures. Il faut frotter le
mal avec une plume deux ou troi
fois le jour. Pour pierre ou gravel
le, en mettant trois ou quatre goû
tes dans deux doigts de vin blanc
en boire le matin à jeun , de mém
pour la debilité d'eftomach , en
prenant trois goutes avec du vi
blanc ou du boüillon.

Autre baume rouge.

COmpofé des mêmes drogue,
mais plus fort à caufe d'un
once d'aloës noir , & demie onc
de myrrhe qu'on y ajoûte par pe
tits morceaux. Celuy-cy eft pou
les grands maux , enflures de ge
noux , pour les piqueures où il ne
paroift point de playes, fouleure

de nerfs, loupes, particuliérement
les naiſſantes, le premier s'eſt pour
les moindres maux étant plus
doux, on le met aux enflûres &
loupes qui viennent à la gorge, &
autres parties delicates à moins
que le mal preſſe.

Nota, qu'il faut que la bouteil-
leſoit bien forte, & qu'il ne faut
point la boucher en boüillant de
peur qu'elle ne creve.

Excellences de la Betoine, utile aux
perſonnes humides & ſujets
aux fluxions.

IL faut avoir de la betoine à demie ſeiche, & en prendre à ſon
lever un rouleau gros comme le
poûce, & le garder dans la bouche
juſques à ce qu'on mange, méme
juſquesà midy, & en avoir auſſi en
poudre, & en mettre dans le nez.
Le premier vous fera cracher, &
l'autre vous fera moucher & eter-

nuer. L'un & l'autre diſſout les
flegmes. Si c'eſt une perſonne qui
ſoit extrordinairement ſujet aux
fluxions, il en peut prendre de l'un
& de l'autre, depuis quatre heures
aprés midy juſques au ſouper.

L'on ſe peut auſſi purger d'eſprit
de betoine & d'aloës. Pour la quantité & la doze, il n'y a point d'A-
poticaire ny de Medecin qui ne le
ſçache.

L'on en prend une pillule pour ſe
preparer à la purgation le lendemain. La premiere, qui eſt la pré-
paration ſe prend à ſix heures &
demie du ſoir, ſoupant legerement à ſept heures, & le lendemain
au ſoir à la même heure l'on en
prend deux autres pour ſe purger
tout-à-fait. Il les faut prendre dans
une cuillere d'argent avec de l'eau,
au lieu de lavement, on peut en
prendre une le ſoir.

La même perſonne qui ordonne
ce que

ce que deſſus conſeille auſſi aux
gens qui ont beſoin de betoine, de
prendre tous les matins ſur les neuf
heures, ſe levant à ſix, deux doigts
d'eau clairette ou d'excellente eau
de vie. Pour faire cette eau, il faut
prendre quatre demy ſeptiers de la
meilleure eau de vie, les mettre
dans une grande bouteille de verre avec des ceriſes à diſcretion &
des framboiſes, trois quarterons
de ſucre, un peu de clouds.

Pour faire l'eau Angelique tres-bonne
pour toute ſortes de maux de cœur
& d'eſtomach.

PRenez de la lie du plus fort
vin blanc ou clairet, mettez-
le dans un commun alambic ou
l'on fait de l'eau roſe. Ajoûtez y
une grande poignée d'Angelique
avec les racines, ſi on en peut
avoir, car on en peut faire avec les
fueilles (mais c'eſt le meilleur avec

les racines) y ajoûter un peu de baume, & deux cuillerées de grains de coriande , & une cuillerée d'anis vert. Caſſez les grains dans un mortier , & briſez les herbes dans vos mains , & coupez les racines. Il faut que vôtre eau coule dans une bouteille de verre deſſus un petit linge , où il y aura un peu de ſaffran enveloppé , puis mettez un peu de ſucre dedans. Il faudra mêler l'eau que vous aurez tirée la premiere avec la derniere tirée. Prendre garde de ne la pas tirer trop à ſec à cauſe qu'elle ne ſe garderoit pas : ſi l'alambic eſt grand on en peut tirer deux pintes. Ce remede eſt fort éprouvé.

Pour l'inflammation de poitrine &
pluresie.

LE ſang de bouc eſt le plus ſouverain remede contre ces deux maladies. Pour avoir ce ſang me-

decinal dans toute fa bonté, il faut
avoir un vieux bouc, le fufpendre
par les cornes, & apres luy avoir
ramené & lié les pieds de derriere
à ces mémes cornes, luy couper
les genicules, puis recevoir le fang
qui coule par cette playe, jufques
à ce qu'il foit mort, fans negliger
neanmoins celui qui peut encore
refter, & que l'on peut avoir en
lui coupant à la fin la gorge ; car ce
dernier fang, quoi que moins fort
ne laiffe pas d'eftre bon.

L'on fait feicher doucement ce
fang de bouc dans le four, une
heure apres que le pain en a été
tiré ; on l'étend pour cela le plus
mince qu'on peut dans plufieurs
plats de terre, ou terrines, parce
qu'il fe corrompt aifément s'il eft
trop épais. On jette une eau qui
vient & qui furnage au deffus à mefure qu'il fe feiche ; & on le remet
au four par plufieurs fois jufques à

ce qu'il foit fec. Alors, il eft extré-
mement dur. On le broye dans un
mortier de pierre ou de marbre, &
on le paffe dans un tamis. Cette
poudre fe garde mieux dans du
verre que dans du bois, ou le ver
fe met plus facilement. On en fait
prendre au malade le poids d'un
écu d'or dans une cuillere avec du
vin, dont on fe fert pour la délaier,
& enfuite un petit demi verre de
vin par deffus. Le malade ne manquera pas de fuer. S'il n'eft pas
parfaitement guéri de la premiere
prife, il lui en faudra donner une
feconde le lendemain, & prendre
garde fur toutes chofes lors qu'on
l'effuiera doucement, ce qui eft
toûjours dangereux dans les fueurs.
On ne void guéres ce remede man-
quer fon effet, fur tout fi le malade
n'a point été faigné ; car on fçait
que les faignées affoibliffent la nature & l'empefchent de pouvoir fi

facilement jetter dehors par la
fueur, ce qui lui eft contraire.

Ce méme remede fe donne encore tres. utilement à ceux qui ont
fait quelque grande cheute , parce
qu'il fait par la fueur tranfpirer le
fang qui peut étre répandu dans
le corps , par la rupture de quelque petit vaiſſeau , & empéche
ainſi que ce fang ne produiſe quelque abcez.

Quelquefois lors que la plurefie
eft chaſſée du côté , la fluxion fe
jette fur la rate ; & pour y reme-
dier , il faut prendre un verre de
vin d'yeux de cancre , & dans peu
de jours la douleur fe diſſipera.

On verra cy. apres la maniére de
préparer ce vin.

Autre pour la plurefie feulement.

COmme on n'a pas toûjours du
fang de bouc , il y a un autre
remede pour la plurefie feulement,

qui n'eſt guéres moins efficace.
C'eſt de faire infuſer à froid trois
ou quatre heures dans un demi ſeptier de vin blanc, quelques plotes
nouvelles & encore chaudes, de
fiente de cheval hongre, ou de ca-
valle, apres les avoir miſes en pie-
ces, l'on paſſe enſuite ce vin par un
gros linge, & on le fait prendre au
malade, qui ne manque guéres
d'être guéri par la ſueur.

Remede contre la peſte.

AU mois de Juillet dans les
grandes chaleurs, & dans le
cours de la Lune, il faut tâcher de
prendre quelque gros & vieux crapaud dans la plus grande ardeur
du Soleil. Il y en a qui ſont ſi vieux,
qu'ils ont la teſte noire & les yeux
tous pleins de vers. On ſuſpend ce
crapaud la teſte en bas par les deux
pattes de derriere, proche d'un petit feu, ayant le ventre tourné du

côté du feu. On met fous luy quelque plat ou terrine qu'on enduit de
cire jaune. Il vit quelquefois affez
long-temps en cét état, & apres
avoir vomy beaucoup de villenie il
meurt. L'on prend enfuite tout ce
qui eft tombé dans le plat avec le
corps du crapaud, que l'on fait feicher doucement au four; puis on
mêle & on pétrit le tout enfemble
avec la cire jaune, qui fert de liai-
fon pour former une pâte, dont on
fait comme de petites Medailles
plates, afin qu'elles fe puiffent plus
facilement porter fur le cœur dans
un petit fachet, Ce remede eft venu d'un Seigneur Anglois, nommé
Buthler., celebre pour les grands
remedes qu'il avoit, lequel dans
une furieufe pefte, guérit en Angle-
terre une infinité de peftiferez à la
veuë de tout le monde. Le remede
eft en effet fouverain, foit pour guérir la pefte défja formée, foit pour

en preferver.

Pour la guérir , on applique une des medailles fur le charbon le plus éloigné du cœur , apres l'avoir mife auparavant tremper un demi quart d'heure dans l'eau tiede. On la laiffe un bon quart d'heu-re fur le charbon , & elle ne manque point de le faire per-cer , & d'attirer toute la pefte par cét endroit. Il eft remarqua-ble que plus cette pâte a fervi à des peftiferez, plus elle a de vertu con-tre la pefte. Il eft bon de donner en méme temps une prife de The-riaque au malade , qui ne manque-ra pas de fuer.

Memoire de faire le Theriaque.

LE Theriaque veritable & in-nocent , fe fait ainfi : l'on prend d'une couleuvre ou une vi-pere : on luy coupe la tefte & l'ex-tremité de la queuë , on l'écorche enfuite,

enfuite, & on jette la peau avec la
tefte, la queuë & les in teftins, ex
cepté le cœur & le foye ; on jette
auffi tout le fang avec la veine cave
qui eft le long de l'épine du dos,
on pile enfuite bien la chair avec
les os, le cœur & le foye dans un
mortier, & l'on fait feicher le tout
dans une chaleur modérée comme
eft celle du four, quelque temps
apres que le pain en a été tiré, en
forte qu'on puiffe en le broyant le
mettre en poudre. Il faut mefurer
ce qu'on a de poudre, & mettre
dans un poëflon ou poëfle, trois
fois autant de bon miel avec de
l'eau raifonnablement, que l'on
fait boüillir l'efpace d'un bon
quart d'heure en le remuant toûjours de peur qu'il ne brûle. Puis
on l'écume en le paffant par un
linge.

On remet enfuite dans le méme
poëflon ce qui a été paffé ; & lors

G

qu'il a boüilli quelques boüillons,
en forte qu'il ne refte plus trop
d'eau, on y jette la poudre de vipere, qu'on fait bouillir de nouveau
pendant une demie heure ou environ, la remuant toûjours, & lors
que le theriaque eft épais, on le
retire du feu, & on le laiffe refroidir en le remuant encore jufqu'à
ce qu'il n'ait plus aucune chaleur,
afin qu'il foit entierement mélé.
Ce theriaque eft innocent & tres-
efficace contre la pefte & contre
toute forte de fiévres malignes &
méme pour le devoyement. On
en prend gros comme une noifette
& l'on boit enfuite trois doigts de
vin pur. L'eau de vie eft meilleure
pour le devoyement. Ce remede
provoque ordinairement la fueur,
& fortifie toûjours le cœur.

Pour faire le vin d'Yeux de Cancres.

IL faut acheter chez les Dro-
guiſtes une once d'yeux de cancre qu'on fait broyer fort menu.
On les met enſuite infuſer à froid
l'eſpace de vingt quatre heures
dans un pot & demi de vin, qui répond environ aux trois pintes de
Paris, & on remuë le tout pluſieurs
fois le jour, en ſecoüant la bouteille fortement. Il faut avoir pour
cela une bouteille de bon verre.
On boit de ce vin à tous ſes repas,
en y mêlant de l'eau à ſon ordinaire. Mais il faut verſer doucement,
à cauſe que l'on n'ôte point la poudre qui demeure au fond. Quand
ce premier vin eſt beu, on renver-
ſe dans la même bouteille ſur la
même poudre autant de vin que la
premiere fois, qu'on fait infuſer
autant de temps qu'il eſt dit cy-
deſſus. Ce remede eſt tres-bon

pour rétablir un eftomach ruiné,
pour amortir l'humeur acre des
playes, & purifier le fang de cette
malignité qui fe produit en differentes manieres, temperant le trop
grand aride de l'eftomach.

Eau de Tilleul.

ELle eft bonne pour les mémes
chofes que le vin d'yeux de
cancre : mais elle n'a pas la méme
force quoy que de l'un & de l'autre
il faut s'en fervir long-temps pour
fentir du foulagement. Il faut brûler du bois de Tilleul fans y mêler
d'autre bois, & en faire bien cuire
les cendres. On prend enfuite une
poignée de ces cendres qu'on fait
boüillir doucement l'efpace d'un
demi quart d'heure dans deux pots
d'eau. Lorsqu'olle eft froide, on la
paffe dans un linge blanc, & l'on
boit de cette eau à tous fes repas
avec du vin à fon ordinaire. Elle

eſt auſſi fort bonne pour empécher que la fluxion dans les rhumes ne ſe jette ſur la poitrine, ou au moins pour addoucir, & temperer ſon acreté.

Pour l'Hydropiſie.

DEux bonnes poignées de feu-gere ; la gratter un peu pour en ôter la vilainie, & la mettre boüillir dans une grande cruche pleine d'eau l'eſpace de deux heu-res. On s'en ſert à ſes repas comme d'autre eau en la mélant ſi l'on veut avec du vin. Il faut choiſir de la feugere qui n'a qu'une branche, celle qui en a pluſieurs n'étant pas propre.

Contre les vers.

LOrs qu'un enfant a des vers dans le corps, il faut acheter pour cinq ou ſix ſols de vif argent, & le mettre dans une cruche plei-

ne d'eau que l'on fait boüillir l'efpace d'un demy quart d'heure.
On fait boire de cette eau au malade à tous les repas fans vin , & avec
du vin.   On laiffe fi l'on veut le vif
argent dans la cruche , parce qu'il
demeure au fond; mais il faut prendre garde qu'il n'en tombe pas
avec l'eau , lors qu'on la verfe dans
le verre. Le méme vif argent fervira autant de fois qu'on voudra,
en verfant deffus d'autre eau , & la
faifant boüillir comme la premiere. Cette eau fait mourir les vers,
& les fait jetter , pourveu qu'on en
prenne pendant quinze jours , plus
ou moins.

Pour la colique, les vents, & la foibleffe d'eftomach.

O N met dans un pot d'eau de
vie excellente , qui répond
environ aux deux pintes de Paris,
une demie once de chacune des

quatre femences chaudes, qui font le fenoüil, la coryande, l'anis & le carvy. Il les faut faire infufer à froid l'efpace de vingt-quatre heures. Pour s'en fervir, il en faut prendre uue cuillerée apres fon repas, lors que la digeftion commence à fe faire, qui eft environ un demi quart d'heure apres que l'on a mangé. Il faut continuer ce remede pour le mal d'eftomach, pendant huit ou dix jours.

Pour les maux qui viennent au fein des femmes.

VNe chopine de vin, une douzaine de jaunes d'œufs, & une livre de bon miel; battre le tout enfemble dans une terrine environ l'efpace d'un petit quart d'heure, & enfuite mettre le tout dans une chaudiere pour le faire bouillir doucement, de peur qu'il ne s'enfuie, & le remuer continuel-

G iiij

lement, de crainte qu'il ne s'attache au fond. Il faut le faire bouillir jufques à ce qu'il foit venu en confiftance de cotignac ; ce qui dure une heure entiere au moins.

Pour s'en fervir , il faut faire une emplâtre affez épaiffe fur un morceau de papier brouillard que vous appliquerez fur le fein lors que vous voyez qu'il eft preft à percer. Ce remede l'ouvre en peu de temps, & le guérit en tres-peu de jours. Lors qu'il eft percé, l'on ne met point d'autre remede que celuy-là, mais on le renouvelle en faifant d'autres emplâtres. Il faut faire fervir lefdites emplâtres jufques à ce qu'il n'y ait plus de cét onguent fur le papier. On l'effuye feulement tous les jours, & on le remet fur le mal. Pour l'ordinaire on ne met pas plus de trois emplâtres pour guérir. Ce remede eft fouverain pour le fein. On s'en

sert encore fort heureusement
pour percer d'autres abscz qui vien-
nent aux genoux, & aux autres
parties.

Pour le mal des dents.

BRanches de buys nouvelles
coupées, les racler avec du
verre, & en mettre dans une cornuë les trois parties de la cornuë
de verre, que vous aurez bien lu-
tée auparavant avec bon lut, vous
la mettrez dans un fourneau, &
lui donnerez le feu par degrez. Ce
qui vient d'abord, est une eau aride ou flegme, laquelle il faut sepa-
rer. Il n'y a que ce qui vient apres,
qui est d'un rouge noir, qui est propre pour le mal des dents.

Pour s'en servir le bout d'une
éguille de teste dans la petite
phiole où est cette huile, & mettre
ce qui tombe de ladite éguille dans
le trou de la dent creuse qui fait

mal. Cela doit appaiſer la douleur.

J'oubliois à marquer qu'au bout
de la cornuë, il faut mettre un petit matras dans le gouleron, du-
quel celuy de la cornuë puiſſe entrer, & le bien lutter enſemble;
parce que les eſprits ſont forts &
penetrent tout autre choſe que le
lut.

La Gomme gutte.

VNe livre de Gomme gutte
pulveriſée & un quarteron
de fleur de ſouffre, enſuite prenez
du feu dans un rechaut pour purifier vôtre Gomme gutte avec ce
ſouffre. Cela ſe fait ainſi. On prend
une fueille de gros papier broüillard, lequel on replie à tous les
coins, de peur que ce qu'on mettra
dedans ne tombe. Enſuite vous
mettrez une poignée de Gomme
gutte dans ce papier, & en même
temps vous jetterez une pincée de

cette fleur de fouffre fur vôtre feu,
en tenant toûjours ce papier où eft
vôtre Gomme gutte deffus, afin
de faire fortir par ce moyen le poi-
fon de cette Gomme. Quand vôtre fouffre eft brûlé, vous y en remettrez d'autre, jufques à ce que
cette gomme n'exhale plus aucune
fumée. Pour faire penetrer entierement cette fumée de la fleur
de fouffre dans vôtre Gomme : il
la faut toûjours remuer, foit en
hauffant & baiffant le papier, foit
en la remuant avec un petit bâton.
Et quand vous voyez qu'il ne fort
plus rien de cette Gomme, vous
n'avez qu'à la mettre à part & en
mettre une autre poignée, & faire de méme jufques à la fin.

Lors qu'on l'achette, il faut de-
mander de la Gomme gutte puri-
fiée, afin d'avoir moins de peine à
la préparer. On ne laiffe pas neanmoins de la purifier encore foy-

méme , afin d'en étre plus affeu.
ré. Ce remede eft tres-bon pour
guérir la fiévre tierce , & mé.
me la quarte , pourveu qu'on le
prenne au commencement de la
maladie. Il eft encore tres-bon
pour l'hydropifie , parce qu'il fait
jetter quantité d'eau. La doze eft
differente felon l'âge & la force de
ceux qui en prennent , & felon
qu'ils font plus ou moins difficiles
à émouvoir. La doze ordinaire eft
depuis quatorze jufques à vingt
deux grains , que l'on ne paffe
point. Pour les enfans, on leur en
donne bien moins felon leur force,
comme huit, dix , & douze grains.

Cela fe prend dans du vin blanc,
ou dans du poiré , le matin à jeun.
On défait ladite doze dans une
cuillere avec une des deux liqueurs,
& on l'avale promptement fans
rien laiffer dans la cuillere , & l'on
boit en méme temps une demy ver-

rée de ce vin ou du poiré, avec lequel vous avez pris cette drogue.
Il faut prendre un boüillon à la
viande une demie heure apres, &
garder le lit fi l'on peut toute la
journée, ou au moins le matin :
mais il ne faut point aller à l'air le
jour que l'on a pris ce remede; parce qu'il demande une grande chaleur. Si la premiere prife ne vous
guérit pas, prenez-en une feconde
& une troifiéme, en vous repofant
au moins deux jours, entre chaque
prife, de peur que cela ne vous af-
foiblifle trop. On n'en doit jamais
prendre le jour de la fiévre, & méme pour la quarte. Il vaut mieux
la prendre la veille du jour de fon
accez.

Syrop confervatif de la fanté.

PRenez huit livres de fuc de
mercuriale, & quatre livres
de fuc de bouroche & buglofe, qui

feront en tout douze livres, vous
les ferez boüillir un boüillon avec
autant de miel de Narbonne, &
pafferez le tout par la chauffe d'y.
pocras pour les bien purifier.

Vous mettrez infufer pendant
vingt-quatre heures un quarteron
de racines de Gentiane & de flambe, l'une & l'autre couppée par
tranches, dans trois chopines de
bon vin blanc à part, les agitant
fouvent ; vous les pafferez enfuite fans exprimer lefdites racines , puis mettrez l'infufion avec
les fucs & miel, clarifiées, que vous
tiendrez toutes preftes & les faites
cuire en confiftance de Syrop, que
vous écumerez fur la fin. Il faut
que l'infufion de ces drogues fe faffe pendant que les fucs & miel paf-
fent par la chauffe d'ypocras , afin
que le tout puiffe être preft en
même temps pour les mettre cuire
enfemble pour faire le fyrop. Il faut

faire cette operation au mois de may ou d'Avril : car c'eſt la force des herbes, on le peut encore faire au mois de Septembre. Ce ſyrop eſt for éprouvé. Il en faut prendre une cuillerée le matin à jeun tous les jours.

Ce ſyrop a été donné par un fameux Medecin, qui l'avoit réceu d'un vieillard âgé de cent trente deux ans. Ce Medecin étant à l'armée, ſe trouva logé chez ce bon vieillard, à qui il demanda de quels remedes il ſe ſervoit pour ſe porter ſi bien. Il luy dit, que depuis l'âge de ſoixante ans, il ſe ſervoit d'un ſyrop qui l'avoit mis en cét état, ſans aucun remede autre que celuy-là, qu'il en prenoit tous les matins une cuillerée à jeun. Ce Medecin ne perdit point l'occaſion pour ſçavoir la maniere de faire un remede ſi ſouverain, compoſé de ſimples qui croiſſent dans nôtre climat, &

qui font naturels à nos corps : car
il eſt à croire que Dieu qui nous a
mis dans un tel ou tel Païs, nous y
a mis, & a pourveu à tout ce qui
eſt neceſſaire pour y vivre, & depuis l'ayant éprouvé par luy &
par d'autres étant âgé de quatre
vingt tant d'années, il s'eſt crû obli-
gé de ne pas tenir plus long-temps
caché un remede ſi utile.

Pillulles appellées immortelles.

A Momum, Anis, Maſtic, Car-
damomum, Saffran, Fleur
de Noix Muſcade, Clouds de Girofle, Zedoaria, Bois d'Aloës,
Turbit blanc, Manne choiſie,
Agaric, Sené d'Orient, Noix
Muſcade, Les cinq ſortes de Mi-
rabolaſns.

De toutes les ſortes de Drogues
cy-deſſus il en faut mettre un poids
égal, Suppoſé que l'on en veuille
mettre une demie dragme de chacune

cune, cela feroit dix dragmes.

Rubarbe tres-bonne & choifie.
Le poids de toutes les drogues cy-
deffus, qui feroit auffi dix dragmes.
Aloës, focotrin, le poids de tout
ce qui eft dit cy-deffus, tant drogues que rubarbe, partant vingt
dragmes d'Aloës.

De toutes les chofes cy deffus, il
en faut faire une poudre fort dé-
liée, puis en faire une pâte, en incorporant le tout enfemble avec
du Syrop violart, & cela fe conferve ainfi en pâte plufieurs années,
fçavoir quinze & vingt ans.

On prend de ladite pâte une petite partie, comme le poids d'une
demie dragme ou d'un écu d'or,
que l'on tourne dans la main , &
cela eft environ de la groffeur d'un
petit bouton ou d'un gros pois, lef-
quels on prendra un par jour, jufques à trois & quatre jours de fuite, fi on fe vouloit purger entiere-

H

ment, & bien netoïer son estomach.
On pourroit méme le premier
jour en prendre une , le second
deux, & le troisiéme jour trois.

On en peut prendre en tout
tems, en tout âge, & de toutes com-
plexions. Toutefois, l'on s'en ab-
stiendra lors des grands rumes &
fluxions sur l'estomach. Comme
aussi aux jours des chaleurs d'Eté.
Il est bon d'en prendre un quart
d'heure avant le dîner, parce que
cela aide beaucoup à l'estomach,
& aussi un quart d'heure apres le
souper , parceque cela empêche
les fumées de monter à la teste. Il
est tres-bon d'en prendre apres
auoir mangé beaucoup de fruit,
cela faisant lâcher le ventre , &
méme apres quelque grande reple-
tion, ôtant le flux hepatique, c'est
à dire , celuy qui vient par indige-
stion, & par la foiblesse de l'estomach, & du foye. Apres que l'on

a pris ou avallé la pilulle, il eſt
neceſſaire de prendre un peu de
vin. On peut auſſi prendre deſdites
pilulles le matin, avec un boüillon
rafraichiſſant·

Ladite conſerve ou pilulles purgent ſans faire aucune léſion au
corps, & ſont bonnes à toutes maladies, & qui en uſera ſera exempt
de toutes infirmitez fâcheuſes &
incurables, à moins que Dieu n'en
eût ordonné autrement.

Elles confortent les membres
principaux & foibles, font éva-
cuer les humeurs mélancoliques,
& tiennent l'eſprit jovial, retardent
les cheveux blancs, fortifient ce
qui feroit attaqué d'humeurs acres
& mordicantes, & les entrailles,
éclairciſſent la veuë, ôtent la toux,
empéchent les vapeurs qui s'éle-
vent de l'eſtomach à la teſte, &
qui cauſent de grandes douleurs,
même le tranſport au cerveau, con-

fortent les nerfs , tuent les vers,
empêchent la corruption des dents
& font une affez bonne odeur à la
bouche , empéchent la galle & la
goute , & autres douleurs de jointures , font dormir , purgent la co-
lere noire & rouffe , prefervent du
mauvais air & mauvaifes eaux , &
finalement font tres-bonnes à ceux
dont l'eftomach engendre beaucoup d'humeurs à caufe de fa foibleffe.

Pour le mal Caduc.

IL faut prendre environ deux
boiffeaux de graine de geniévre feiche ; mefure de Paris , &
pour quarante fols de Carabé , qui
eft de l'Ambre preparé , le pulverifer , y mettre un verre de vin blanc,
faire diftiler le tout dans la cucur-
bite , & le paffer tant de fois qu'il
fe reduife en huile , & en efprit,puis
l'appliquer comme il enfuit.

Il faut rafer les cheveux fur la fu-
ture du devant de la tefte & diftiler cinq ou fix goutes de l'huile ou
de l'efprit , environ le temps de
l'accez, ou bien apres , & reïterer
jufques à ce que le patient foit guéry , & y en mettre plus ou moins,
felon l'âge & la force des perfonnes.

Si l'on a du Theriaque de Venife,
il eft bon auffi d'en faire prendre
gros comme une noifette dans le
temps de l'accez , dans une cuillerée d'efprit de vin, du meilleur,
& non pas dans l'eau de vie, ny
dans l'efprit fimple.

La vertu du Galega.

IL faut pour cueillir le Galega
qu'il foit fleuri. Pour en faire de l'eau , il faut couper , la
plante puis la battre dans un mortier pour la concaffer, & la mettre
dans un pot qui la puiffe contenir,

& mettre par deſſus du vin blanc
que ladite plante ſoit imbibée, la
mettre á la cave & la laiſſer fer-
menter ſix ou huit jours, & la diſti-
ler au ſable (le bain Marie eſt trop
foible, & l'on ne tire que du flegme) mais au ſable vous tirez toute
la vertu de la plante. Cette eau eſt
tres ſudorifique, & chaſſe tout le
venin qui cauſe la maladie.

Elle eſt auſſi fort ſouveraine pour
la petite verole: & je vous dirai que
l'on en donna en decoction avec
un peu de vin, à trois petits enfans
qui eurent la petite verole. Cette
décoction leur fit ſortir la petite verole, & les puſtules ſortirent toutes blanches, & au bout de cinq
jours ils étoient levez. Il eſt vray
que c'étoient des enfans de Païſans.

L'on en peut faire des décoctions
au defaut de l'eau.

Pour faire ſeicher ladite herbe,
il la faut cueillir lors qu'elle eſt en

pleine fleur , & la faire feicher à
l'ombre & non au Soleil , parce
qu'il ôte la vertu de la plante.

Le Galga eft tres fouverain pour
l'Epilepfie, foit l'eau diftilée ou par
décoction.

Une perfonne tomboit plufieurs
fois en Epilepfie, il n'en prit qu'une
fois , & il fut un an entier fans s'en
fentir. Il retomba au bout de l'an,
mais il dit qu'il en prendroit un
mois entier , & s'en fera fans doute
bien trouvé.

On fe fert de cette plante exte-
rieurement dans des maux furieux.
en appliquant le jus de l'herbe par
deffus le marc.

On peut mettre au Soleil ladite
eau, quand elle eft dans des bouteilles pour en faire évaporer l'em-
pyrefme.

Pour le mal de poitrine.

VNe chopine d'eau, mettez la dans un poëſlon & y ajoû. tez une poignée de ſon de froment, avec gros comme un œuf de ſucre fin, faites boüillir le tout enſemble un boüillon, puis le paſſez pour boire de cettedite eau la plus chau. de que vous pourrez, partie ou le tout, ſelon que vous le pourrez pluſieurs fois le jour, en en faiſant d'autre.

Eau pour les yeux.

PRenez pour un ſol d'iris de Florence, autant de coupero- ſe blanche, de ſucre Candy, & de ſel Armoniac. Mettez toutes ces choſes dans une cruche d'environ chopine ou trois demi ſep tiers, que vous emplirez d'eau de fontaine; puis verſez & reverſez beaucoup de fois cette eau dans une autre cruche

cruche pour faire fondre lefdites
drogues, qui feront par cette agitation une groffe mouffe, qu'il ne
faut point ôter. Laiffez repofer
un peu cette eau, & mettez la enfuite dans une bouteille de grez ou
de verre pour vous en fervir en en
mettant avec le bout du doigt dans
le creux de l'œil malade.

Baume vert, dont on a l'experience
depuis trente années, pour les
maux les plus opiniâtres.

HUile d'Olives, un quarteron,
Huile de lin, un quarteron
Vitriol blanc, trois gros.
Huile de laurier ou laurin, 2. onces.
Huile de raves, une demie once.
Vert de gris, trois quarts d'once.
Therebentine de Venife, 4. onces.
Effence de geniévre, 4. onces.
Effence de girofle, deux gros.
      Ce Baume eft affez difficile à
faire, car il eft aifé à brûler, fi l'on

I

ne donne le feu fort mediocre , &
qu'on n'ait foin de bien remuer
les drogues avec une large fpatule
de bois, tant qu'elles font fur le feu.
L'on met d'abord dans une poëfle
à confiture l'huile d'olives & l'huile de lin , que l'on fait cuire affez
long temps fur un feu tres modeié
les remuant continuellement pour
les bien méler & les empécher de
brúler. Lors qu'elles commencent
à fremir, l'on verfe peu-à-peu le
vitriol blanc , qui eft auffi en poudre tres-fubtile. On le remuë durant quelque temps avec la fpatule;
& apres qu'il eft bien diffous &
bien mêlé , l'on y ajoute l'huile de
laurier que l'on fait cuire environ
un demi quart d'heure , en rèmuant
toûjours , & enfuite l'huile de raves , qui fe cuit à-peu pres de la
méme forte que l'huile de laurier,
fi ce n'eft qu'il faut moins de temps.
Lors que ces huiles font ainfi cui-

tes & mélées avec les autres matieres , l'on y verſe peu-à-peu le vert
de gris qui eſt en poudre fort dé-
liée , en le remuant toûjours avec
la ſpatule , & peu de temps apres ,
environ au bout d'un quart d'heure l'on y ajoûte la therebentine de
Veniſe hors le feu, & l'huile étant
un peu refroidie ; on la remet ſur le
feu , & on la fait cuire environ un
demi quart d'heure , en remuant
continuellement les matieres. Enfin on retire alors de deſſus le feu
la poëſle , dans laquelle on verſe
doucement l'eſſence de girofle , &
l'on remuë les matieres juſques à ce
qu'ayant perdu la grande chaleur
on puiſſe les verſer dans une bouteille de verre ſans craindre de la
caſſer , puis on la bouche bien.

Onguent pour appliquer par deſſus ce
Baume , & apres qu'on en a froté
les playes.

PRenez Galbanum , une once.
Opponax , une once.
Ammoniac , deux onces.
Bon vinaigre blanc diſtilé , trois
demi ſeptiers.
Huile d'olives, deux livres.
Litarge d'argent , une livre &
demie.
Cire vierge, c'eſt la blanche, de-
mie livre.
Bedelium , deux onces.
Oliban, une once.
Ariſtoloche ronde , une once.
Ariſtoloche longue , une once.
Mirrhe , une once.
Tutie préparée , une once.
Huile de laurier ou laurin, une once
Therebentine de Veniſe , quatre
onces.
Eſſence de geniévre, une once.

Eſſence de girofle, un gros.

Cét onguent eſt ſans comparai-
ſon éncore plus difficile à faire que
le Baume. Il faut avoir un pot ver-
niſé, dans lequel on met une chopine de vinaigre blanc, diſtilé le
plus fort qu'on peut trouver, avec
les trois gommes, Galbanum, Opponax, & Ammoniac, concaſſez
le mieux qu'il ſe peut. On laiſſe
les gommes ſe diſſoudre à froid
dans ledit vinaigre pendant trois
ou quatre jours, & on le remuë
avec une ſpatule de bois pluſieurs
fois le jour. Au bout de ce temps,
on met le pot ſur un feu fort moderé, en le remuant toûjours avec la
ſpatule, & lors que le vinaigre s'eſt
évaporé environ à moitié, on paſſe
leſdites gommes par un fort linge,
qui ſoit clair comme de la toille à
emballer. Pour ne rien perdre de ce
qui peut être reſté de gommes dans
le pot, on y verſe un demi ſeptier

de vinaigre blanc , femblable au
premier , & on y met le linge méme par lequel on a paffé ces gommes, & tout ce qui n'a pû paffer.
On le remet fur le feu : & lors que
le tout eft bien délayé avec le vinaigre, on le repaffe, & on le joint
avec ce qui avoit défja été paffé.
Le pot étant lavé, on y verfe de
nouveau ces gommes ainfi paf-
fées, & on les remet fur le feu pour
faire évaporer doucement tout le
vinaigre, en remuant toûjours. La
marque à laquelle on connoît qu'il
ne refte plus de vinaigre, c'eft lors
qu'en laiffant tomber une goute
fur une affiete , elle ne s'attache
point au doigt étant refroidie. Cependant qu'on fait cette feconde
operation, on verfe l'huile d'olives
dans une grande poëfle à confiture,
& on la met fur un feu moderé, fou-
tenuë de fon pied. En même temps
l'on jette peu-à-peu la litarge d'ar-

gent paſſée par le tamis, en re-
remuant toûjours avec une large
ſpatule de bois. C'eſt la liaiſon &
l'incorporation de cette huile avec
cette litarge, qui eſt la plus longue
& la plus difficile à faire : car il faut
les faire cuire aſſez doucement en
les remuant ſans ceſſe pendant l'eſpace d'une heure & demie, ou de
deux heures, en augmentant le feu
peu-à-peu, juſques à ce que l'on
ſente au maniement de la ſpatule
qu'à force de cuire & d'être re-
muées, elles ne font plus qu'un
corps. On peut obſerver ſur la fin
de les remuer un peu plus doucement afin de leur donner le loiſir
de s'incorporer. Lors qu'elles ont
la couleur brune qu'on veut donner à l'onguent, & qu'en en laiſſant
tomber une goutte, elle ſe prend
ſur une aſſiette, on retire la poëſle
de deſſus le feu, on y jette alors
peu-à-peu la cire, qui eſt rompuë

par petits morceaux, en remuant
toûjours ; puis on la remet sur le
feu ; lors que la cire est bien incor-
porée, on retire encore la poësle
pour y ajoûter les gommes, qu'on
a fait dissoudre dans le vinaigre, en
remuant toûjours comme auparava-
vant. On remet ensuite la poësle
sur le feu pour bien mêler & incorporer ces gommes en les remuant.
L'on y ajoûte alors le Bedelium
passé par le tamis : & ensuite ayant
mêlé dans une fueille de papier
l'Oliban, les deux Aristoloches, la
Mirrhe, & Tutie, qui sont toutes
en poudre fort subtile, on le verse
doucement dans la poësle en remuant toûjours. Peu de temps
apres on y ajoûte l'huile de laurier,
& l'on fait cuire le tout jusques à ce
qu'une goutte étant refroidie sur
une assiette se leve aisément, & ne
s'attache plus aux doigts. Alors on
y met la therebentine de Venise

hors le feu, & on la fait cuire en
remuant toûjours jusques à ce que
l'on voye si une goutte se leve aisément de dessus l'assiette, & ne s'attache point aux doigts. Il est temps
alors de retirer de dessus le feu la
poësle, dans laquelle on verse les
deux Essences de Geniévre & de
Girofle, & l'on remuë continuellement le tout avec la spatule jusques
à ce que l'onguent se pétrisse assez
pour pouvoir être manié & mis en
rouleaux. Pour pouvoir faire ces
rouleaux facilement, on a une
grande table bien nette, sur laquelle on jette de l'eau, & l'on pétrit
& roule l'onguent, on commence
par les bords de la poësle, qui sei-
chent plus aisément.

Ce Baume avec l'onguent, sont
propres à toutes sortes de playes
& d'ulceres. On croid que c'est
le Baume celebre de Madame
Ledran, dont on a vû, & dont

l'on void de fi merveilleufes cures.
La premiere fois qu'on applique
de ce Baume à quelque playe , ou
recente ou vieille , il faut la laver
avec du vin chaud , & faire chauffer un peu de ce Baume dans une
cuiller. On en fait enfuite entrer
dans la playe avec une plume
peu apres, & doucement on en fro-
te auffi la playe par dehors, & on
met l'emplâtre par deffus , fans
charpy ny tente. On penfe la playe
de vingt-quatre heures en vingt-
quatre heures , la frottant toûjours
d'un peu de Baume chaud , & r'appliquant l'emplâtre , qui fert plus
d'une fois. Il faut bien nourrir le
malade , fi ce n'éft qu'il eût de la
fiévre : Car comme ce Baume &
l'emplâtre attirent , on a l'experience que les malades guériffent
plus aisément & plus feurement,
en fe nourriffant de bonnes viandes
avec fobriété beuvant du vin trem-

pé. Il ne faut avec cét onguent, ny incifion, ny tente, ny charpy, & regulierement ny faignée, ny purgation, ce remede tire les ef- quilles, balles, ferremens & tous corps étranges qui fe trouve dans les playes, preferve de la gangre- ne & la guérit facilement quand elle eft furvenuë,& ne laiffe jamais refermer les playes qu'elles ne foient guéries.

Ce remede eft encore bon pour guérir toutes les bleffûres des che- vaux & des autres animaux. Si un cheval eft piqué, il faut tirer le cloud, & mettre du Baume chaud dans la playe, il fera guéry : s'il y a du pus, il y faut ajoûter l'emplâ- tre, en y laiffant autour l'épaiffeur de deùx teftons, ou l'on applique- ra de la poix pour le faire tenir fur la playe, & ne penfer que de vingt quatre heures en vingt quatre heures.

Il n'eſt pas neceſſaire d'étre
Chirurgien pour penſer avec ce
remede. Toutes ſortes de perſonnes le peuvent de la maniere qu'il
eſt dit ſans ajoûter ny diminuer,&
ſans rien changer.

Si un homme avoit un coup de
mouſquet au travers du corps il
faudroit pour le mieux ſeringuer
la playe avec ledit Baume, puis
mettre une emplâtre ſur l'entrée,
puis mettre une compreſſe deſſus
& bander la playe. Quand la bleſ-
ſure eſt conſiderable, il faut faire
ſaigner le bleſſé incontinent, &
une ſeule fois, luy faire boire de
l'oxicrat deux ou trois verres au
méme temps.

Quoy que ce remede ſoit infaillible pour toutes ſortes de bleſſü-
res, il l'eſt principalement pour
celles de la teſte, il tire les eſquil-
les, en ſorte qu'il n'eſt point beſoin
de trépaner, à moins que par un

contrecoup, il ne fe fût formé un
abcez dans la refte, & en ce cas
apres le trépan penfer le bleffé
avec ce remede.

Contre le Polype & les Homorragies.

'Herbe dont on fe fert pour
ce mal, s'appelle *Solanum
Morelle*, & communcment la petite Morelle. Il faut exprimer le jus
des fueilles de cette herbe, & en
humecter fouvent la narine où eft
le mal, avec un petit linge tortillé
au bout d'un petit bâton que l'on
trempe dans ce fuc. Il n'importe
pas que ce foit à jeûn ou apres avoir
mangé. Celuy qui a été guéry de
ce mal & qui en apporté icy le remede de Lyon, croit que le dernier
jus qu'on tire de cette herbe, eft
meilleur & fait plus d'effet que le
premier parce qu'il a éprouvé qu'il
eft plus piquant que l'autre.

Ce remede eft auffi fort bon pour

les Homorragies ou feignemens de nez extraordinaires. Nous l'avons éprouvé à la Campagne fur une fille qui avoit perdu tant de fang par le nez, qu'elle étoit à l'extremité, & avoit méme receu les Sacremens. Elle a été parfaitement guérie, fans autre remede. Celui de qui on tient ce remede, l'a experimenté fur luy méme ayant le Polype, & dit que cela faifoit d'abord ceffer le faignement de nez continuel que caufe ce mal, & qu'enfuite cela mangeoit peu-àpeu l'excrefcence de chair, qui eft dans le nez. Cette efpece d'herbe fe trouve d'ordinaire parmy les orties.

Tifanne pour la goutte & la fciatique rhumatifmes & autres fluxions.

PRenez polipodes de chefne, hermodates, efquine, fafpareille, de chacun quatre onces, bois de

gayac six onces ; faut concaſſer les
hermodates & mettre les autres
drogues par petits morceaux ; ayez
un vaiſſeau capable , & les mettre
dedans, avec neuf pintes d'eau , &
trois pintes de vin blanc , & faites
bouillir juſquesà la diminution du
quart , puis, paſſer & remettre ſur
le marc ſix pintes d'eau , & deux
pintes de vin blanc, & faites comme deſſus ; reïterer , s'il eſt beſoin,
beuvez de cette decoction le plus
que vous pourrez, plus vous en boirez , plus vous hâterez vôtre guériſon. Il en faut uſer durant quatre
jours : & pendant ce temps là s'ab-
ſtenir de bouillons, potages , ſala-
des , laitages , & fruits , ne boire
aucune autre boiſſon ; L'on peut
manger toute viande , mais la viande rotie eſt la meilleure ; Le qua-
triéme jour, il ſe faut purger fort
legerement ; en uſant de la ſorte , il
n'y a fluxion de goutte ny ſciatique

& grand rhumatifme dont on ne
guérifle, les douleurs de la goutte
ceffent en huit ou dix heures ou
plûtôt fi vous en beuvez beaucoup,
il ne refte que foibleffe à la partie.

Cette tifanne ne purge point,
mais provoque les urines.

Le Gentilhomme qui fe fert de
ce remede eft âgé de foixante &
dixhuit ans. Il y a plus de quarante ans qu'il fe fert du prefent remede, il marche droit, lit & écrit
fans lunettes. Il étoit auparavant
miferable des gouttes, il eft trois
ou quatre années fans s'en fentir,
& auffi toft qu'il en fent les premieres atteintes, il en fait faire, & ainfi,
il ne s'en fent prefque point.

Pour une grande perte de fang.

VNe dragme du crane d'un
homme pendu ou mort de
violence, mis en poudre tres-fubtile dans trois onces d'eau de ge-
neft

nest, une once de syrop de Mirtille
ou Grenade pour les grandes douleurs, ce qui a sauvé bien des hommes qui perdoient tout leur sang,
même avec la fiévre.

Des Hemoroides.

Liniment fait avec une once de
Bazilicon, & une dragme
d'Opium bien mêlé ensemble.

Tisane purgative.

SEné mondé, demie once, de
la réglisse mundée & échar-
pillée, de la Canelle une dragme,
& quelques fois l'on ajoûte une ou
deux dragmes de Criftal mineral,
& quand on ne veut pas la faire
connoître, on met deux ou trois
fleurs de Grenade, le tout dans
deux pintes d'eau, quelquefois au
lieu de Criftal mineral, on y met
un citron couppé en quatre.

K

Onguent pour la brûlure.

ECorce mediane de fureau, une poignée, Racine de con-foulde, & écorce d'ormeau, autant de vermiffeaux de terre, mêlez tout dans une cafferole avec un quart d'huile d'olives, faites bouillir le tout à petit feu, remuant toûjours jufques à ce que les chofes foient feiches, paffez le tout par un linge, puis remettez l'huile dans la Caf-ferole, faifant le tout boüillir juf-ques à coufiftance d'onguent, du-quel vous mettrez fur la blefsûre deux fois le jour, fi la brûlure eft fraîche, exprimez deffus le jus de ces drogues. Voyez la quatrié-me Recepte.

Emplâtre pour les maux de dents.

GOmme Tachamaca, 1. drag-me, Ladanum demie dragme, Benjoin & Storax, de chacun deux scrupules , Opium cru reduit en poudre impalpable une dragme , puis faites chauffer le pilon & mortier , avec un peu de therebentine pour malaxer le tout enfemble, & faire emplâtre.

Emplâtres pour les Contufions.

GOmme Elemi , Refine, chacun demie livre , poudre de Myrthille & bol d'Armenie, vray fang de Dragon en larmes, Maftic de chacun une once, poudre de rofes , & Camomille de chacun demie once, Cire jaune quatre onces, huille de Myrthille deux onces, therebentine de Venife demie once,pour faire du tout Emplâtres.

Eau Imperiale ou de Bellegarde.

TUrbit blanc & gommeux deux onces , Maftic , demie once , Girofle, Galanga , Mufcade , Canelle , vray bois d'Aloës ,

Cubebes , de chacun demie once, mettez le tout en poudre grossierement , que vous ferez infuser dans deux pintes de tres-bon esprit de vin., &. demie livre de miel blanc, l'espace de vingt quatre heures, puis en tirer l'eau au bain Marie. La doze est d'une bonne demie cuillerée. Cette eau est bonne contre la pierre , l'apoplexie , maux d'estomach , colique , & epilepsie.

Poudre pour l'Hidropisie.

IL faut faire cueillir de la graine de genest au mois d'Aoust, & la garder, & lors que l'on s'en veut servir , on la met en poudre fort subtile , & puis la tamiser , & en donner à jeun une dragme au malade hydropique. Il est necessaire de la faire infuser au moins une nuit, dans la moitié d'un verre de vin blanc , & s'il reste de la poudre au fond du verre , vous y mettrez un

peu de vin pour rincer ledit verre,
& en avaler ladite poudre; & deux
heures apres luy donner deux cuillerées d'huille d'olives, & une heure & demie apres un boüillon, l'on
n'en donne que de deux jours l'un,
& lorſque l'on prend ladite poudre
l'on ne doit point prendre aucun
remede; pour un lavement l'on en
peut prendre au ſoir s'il eſt de beſoin, l'on en peut prendre juſques
à cinq à ſix fois ſans rien craindre.

Hemoroïdes.

GRaiſſe d'anguille que l'on fait
rotir à la broche, & l'on en
ramaſſe la graiſſe que l'on mêle
avec le jaune d'un œuf frais que
l'on fait cuire fort doucement pour
faire de tout un liniment que l'on
met ſur la partie malade.

Eau pour la rougeur des yeux.

VOus prendrez de l'Iris pur
en poudre fine, une demie
once, vous la ferez calciner dans
une petite cuillier de fer, ou un
creuſet, vous remuerez toûjours
ladite poudre, de peur qu'elle ne
ſe brûle, & lors qu'elle commence à jaunir vous la retirez. Le poids
de deux écus de vitriol Romain
blanc que vous mettrez en poudre
& le jetterez dans la cuiller, ou
creuſet ſur le feu, & ce juſques à
ce que ladite poudre ſoit jaune, il
faut prendre trois chopines, d'eau
dans leſquelles vous mettrez leſdites poudres dans un baſſin, & avec
un pot pour batre cette eau, laquelle étant bien mouſſuë, vous prenez
une écumoire, vous l'écumerez, &
mettez cette écume dans un plat,
& continuez juſques à ce que le
tout ſoit fait, puis vous paſſerez

l'eau écumée & la garder dans des fioles, & s'en fervir, on en met une goutte dans l'œil, & fi on la trouve trop cuifante, on y pourra mettre un peu d'eau.

Pilules de violette.

EAu de violette diftllée au bain Marie, & de cet eau en faire l'extrait d'Aloës l'évaporer jufques en confiftance d'extrait, puis prenez de cét extrait avec le fuc de violette, mettez le tout dans une terrine pour faire feicher au Soleil ou fur les cendres chaudes pour en former des pilules.

Pour les cheuttes des femmes groffes, & auffi pour les hommes.

LEs yeux d'écrevife une dragme en poudre, mis dans la moitié d'une verrée de vin blanc cela empéche tous accidens qui peuvent arriver.

Hemoragie ou flux uterin.

SUc de plantin trois onces., eau
de rofes blanches une once;
mettez infufer dedans deux ou
trois plotons de fiente d'Afne mâ.
le rompu par petits morceaux,
& demie dragme de fantal citrin,
infufé pendant fix heures au moins
fur les cendres chaudes, remuant
fouvent., preffez & exprimez, &
dans la colature diffolvez demie
dragme de Criftal Mineral,& un
peu de fucre, & en prendre deux
fois le jour, loin des bouillons.

Cataplafme pour la pleurefie.

IL faut mefurer quatre onces de
miel avec une once de chaux
vive l'étendre fur une fueille de
papier, & la prefenter au feu, puis
l'appliquer fur le côté malade, &
mettre cinq ou fix fueilles char-
gées l'une fur l'autre, cela fait fondre

dre & refoudre le fang qui c'eft
épanché fur la pleure, & apres
l'on crache l'apofteme.

Paralifie.

VOus ferez une decoction des
fomnitez & fleurs d'hypericon une once, la faire boüillir un
bon quart d'heure, en prendre une
verrée à l'entrée de table, il faut
une année pour être guéry.

Pour la pefte.

LA pefte prend par des fiévres
chaudes, avec réveries & fre-
nefies, grands vomiffemens, la
langue feiche, une foif inextin-
quible: il fort des charbons, grands
& noirs, & fort douloureux. Un
celebre Medecin de la pefte ne fe
fervoit point de theriaque, mais
de cordiaux rafraichiffans, des eaux
Cordiales avec le jus de citron ou
l'aigre de fouffre, de la confection

L

Hiacinthe, des perles preparées, ce qui eſt aſſez commun, mais il y mettoit ſept ou huit gouttes d'huille de carabé qui étoit ſon principal ſecret.

Et il pretendoit qu'avec cette huile les bubons ſortoient par de fortes ſueurs & copieuſes, & diminuoient la malignité de la fiévre.

Pour précaution, il ſe frotoit tous les matins les mains d'huile de Carabé, c'étoit ſon preſervatif.

Pour ce qui eſt des charbons, il les attiroit promptement, & les faiſoit groſſir en les frotant avec huile de crapaud. Il mettoit ſouvent par deſſus un cataplaſme avec les oignons pilez, le lait, le theriaque, l'eau de vie, & la poudre de crapaud deſſeiché ; apres quoy il faiſoit des ſcarfiications, faiſoit ſortir quantité de chairs virulentes & mettoit des emplâtres avec les

Gommes, le Divin, le Diachilon,
& faifoit tomber l'efcare & traitoit
le refte comme un ulcere.

Il ne portoit point d'habits de
laine : mais de foye.

Pour la paralifie.

IL'faut prendre un chevreau, le
faire habiller pour manger, luy
farcir le ventre d'une livre de
cloud de Gerofle, le faire rotir à la
broche, & la graiffe qui en fortira
froter ladite partie paralitique, &
au deffaut un canard bien gras, le
preparer & s'en fervir comme deffus. *Voyez la Recepte cy-devant
page* 121.

Morfures de chiens enragez, ou autres befres enragées & veneneufes.

PRendre du Galega, le battre
& en tirer le jus une bonne
cuillerée, & l'avaller, & laver bien
la playe avec du vin, il faut aupa-

ravant ratiffer la morfure (pour ôter la bave s'il y en avoit), puis avec un couteau. Il faut bien nettoyer le couteau, de peur qu'il n'y demeure de la bave, puis mettre du jus du dit marc dedans ladite playe, & ledit marc pardeffus, il faut faire ainfi neuf jours de suite.

Pour l'Hydropifie.

DEux ou trois verres d'urine de bouc pris, guerit de l'Hydropifie. *Voyez la recepte de l'Hydropifie page* 116.

Pour la Pleurefie.

LOrfque tous les remedes ne font rien, il faut appliquer un Cataplafme fait avec lie de vin, & de la fleur de farine, on le met fur du papier le plus chaud que l'on peut, cela donne un merveilleux foulagement, & un peu apres l'application du cataplafme le nez rougit, puis les jouës & tout le visage, avec grande envie de dormir, qui est suivie d'une sueur universelle, & guérison.

Pour les Hemoroïdes.

IL faut prendre le blanc de qua-
tre petits porreaux, ou deux gros, pilez-les en consistance d'onguent avec sain de porc mâle, ajoû-
tez gros comme une petite noix d'alun calciné avec autant d'encens mâle pulverisé, puis mêlez-y deux onces de miel commun, met-
tez sur le rechaud à petit feu pour incorporer ensemble. Finalement mettez-y la grosseur de deux œufs de farine de seigle, & continuerez de cuire jusques en consistance d'onguent, & sur la fin le jaune-
d'un œf frais, & pour deux sols de populeon, le faisant un peu chauf-
fer sans boüillir, cét onguent re-
sout les Hemoroides tumefiées, & ulcerées.   L iij

An: re.

LE jaune d'un œuf bien frais
& y mettre une bonne cuillerée d'huile d'amandes douce tirées
sans feu & les battre ensemble jufques à ce qu'il devienne en onguent. *Voyez la page* 113.

Pour le flux de ventre & de sang.

PRenez de la graine de parelle
qui croît dans les bleds, pilez-
la & la mettez dans une cuillerée
de vin blanc, s'il n'y a point de fiévre, & s'il y a fiévre, dans du boüillon, cela fait des merveilles.

Baume de sucre.

IL faut prendre un matras le laver avec du vinaigre rosat, puis
jetter le vinaigre & prendre une
livre de beau sucre en poudre fort
subtile, le jetter dans ledit matras,
le tenir sur un rechaut plein de feu,

il faut remuer ledit matras, jufques
à ce que le fucre fe fonde , & lors
qu'il eft fondu vous le jettrez
fur le marbre , il fe congele : Il le
faut mettre en poudre derechef &
prenez des œufs durs que vous
coupperez par la moitié , ôtez le
jaune & mettez en fa place ledit
fucre pulverisé, & les laiffer refoudre , confervez la liqueur qui fortira , c'eft le baume de fucre , vous
en pouvez prendre par dedans, il
conforte la nature & l'on en peut
feringuer dans les playes , il eft
bon aux ulceres du poulmon.

L'extrait du Genievre.

IL faut bien piler les grains de
genievre les plus murs & plus
noirs, cueillis au mois de Septembre , & les faire infufer fur deux
pintes de vin blanc, il ne faut de
vin que quatre doigts par deffus le
genièvre en tirer la teinture avec

le vin blanc, & apres vous ferez expreſſion du marc qui reſte , & ce qui ſortira, vous le mêlerez avec vôtre teinture , & diſtilerez à la vapeur du bain boüillant juſques en conſiſtance de raiſiné , & en prenez tous les matins avec la pointe du coûteau. Il eſt cordial cephalique & hepatique, & de l'eau on s'en peut ſervir pour faire l'eau theriacale , cét extrait eſt tres-excellent pour la precaution de la peſte pour la gravelle & cachexie du corps, c'eſt le theriaque des Allemans.

Douleurs d'eſtomach.

IL faut prendre des petits zeſtes d'orange ou bigarades, les faire boüillir un boüillon dans une verrée de vin clairet, & le paſſer par un linge, & le boire le plus chaud que l'on peut.

Autre.

IL faut prendre des quatre grai-
nes carminatives , les faire
boüillir dans une verée de vin clairet, le paſſer & le prendre chaud.

Pour maux de Mere avec delire.

COnſerve de betoine , racine
de peone mâle , racine de valeriene ſauvage , ſel de corail.

Doze deux parties de peone ,
une partie de valeriene , & trois
de conſerve: il en faut prendre trois
dragmes pour la doze , avec 24.
grains de ſel de corail & par deſſus
une verrée d'eau de noix.

Emplâtre pour la petite verole.

IL faut prendre de la farine de
fleur de Seigle , la délayer avec
de l'eau de pluye , du verjus , & un
œuf frais : enſuite une demie once
d'orpiment , le bien pulveriſer,

battre le tout enfemble pour faire l'emplâtre, l'étendre fur du papier broüillard, faupoudrez de clouds de girofle, & l'appliquer fous la plante des pieds, & la laiffer vingt-quatre heures, au bout du-quel temps il la faut ôter, & la jeetter promptement au feu.

Pour les inflammations de Poulmon & Pleurefie.

Aire toûjours boire une tifanne avec de la Veronique mâle, fi l'on veut l'on y peut mettre un peu de fucre, il ne faut gueres faigner, elle provoque les urines.

Autre.

Aire encore une tifanne avec la Scorzonaire & la fcabieufe, & en boire toûjours, elle fait beaucoup fuer, & fait cracher l'abcez fi l'on en avoit dans la poitrine, cette decoction eſt auſſi bonne à la petite verole.

Potion vulneraire.

ECreviſſes calcinées vingt, Ariſtoloche ronde une demie once, racine de grand Symphitum ou conſoude une once, bugle, ſanicle, alchimille, aigremoine, betoine, veronique, de chacun une petite poignée, mais il faut que le tout boüille dans trois chopines d'eau & une chopine de vin, & reduire le tout en boüillant à trois chopines, & l'on en prend deux fois le jour : ſçavoir le matin & le ſoir, quatre heures apres le repas; l'on en ſeringue auſſi dans les playes, l'on pourra ajoûter à celle que l'on prendra du ſyrop de Capilaires une once, & ſi le Malade avoit grande ſoif, on peut ajoûter une once de ſyrop de limon, & on y peut mettre trois ou quatre gou-

tes d'aigret de souffre, ou d'espri
de vitriol.

Si la playe étoit sale & vilaine
l'on pourra y ajoûter une pincé
de sel commun, une demie once
de mirrhe, seulement pour en laver
la playe, & non pour boire.

Hydropisie.

DES Ecrevisses seichées au four
mises en poudre, & en donner tous les matins au malade dans
du vin blanc, fait tres-bien.

Pour flux de ventre ou de sang opiniâtrez.

IL faut prendre conserve de roses de Provins, & buglose de
chacun une once, deux dragmes
de ces pommes qui viennent sur les
églantiers, deux dragmes de tres-
bonne rubarbe en poudre, une
dragme & demie des santaux, du
corail deux dragmes, des perle

preparées fur le porphire avec eau
de fcorfonnaire, une dragme &demie de confection,& de hyacinthe
alxermé, de chacune une dragme,
graine de plantin en poudre, une
dragme & demie, le tout étant en
poudre tres-fubtile , prenez du
fyrop de berberis, ou de grenade,
autant qu'il eft neceffaire pour un
opiat, pour en prendre deux heures devant la nourriture, & le foir
trois heures apres avoir pris nourriture, la doze eft groffe comme
une petite aveline. Il eft neceffaire auparavant que de prendre l'opiat, de prendre des petits juleps
hepatiques, confortatifs & reftaurans, & y mêler un peu d'aigre de
fouffre.

Pour le saignement de nez.

METtez une goute de vinaigre dans l'oreille de celuy
qui saigne, du côté de la narine par
ou le sang découle : cela est tres-
bon pour arréter le sang.

Pour la Pierre.

PRenez tous les matins pendant quinze jours, au decours
de la Lune le jus d'un oignon blanc
crû, avec un peu de vin blanc : un
homme n'en a pris que quinze
jours pendant deux Lunes , & il
a été guéry.

Pour la gravelle.

IL faut prendre en Automne des
grateculs murs , en ôter le foin
& pepins, monder les grateculs par
le tamis : mais il faut que les grateculs soient bien murs , & les mettre
un peu en un lieu humide pour les

tamiſer, puis les peler & les faire cuire dans du vin blanc ſans addition d'eau. Etans bien cuits, il les faut paſſer en exprimant bien par un linge, puis ſur chaque livre d'expreſſion , mettre trois quarterons de ſucre , & cuire en conſiſtance de cotignac, il faut ſe purger quatre jours avant la nouvelle Lune , avec caſſe ſeule, puis les trois jours ſuivans on en prendra au matin à jeun gros comme une noix , demeurant quelques heures ſans nourriture; il faut continuer le même remede à tous les decours de la Lune pendant quelques mois , même un an , & apres cela il n'eſt plus beſoin de prendre de la caſſe , mais ſeulement de la gelée de grateculs trois jours avant la nouvelle Lune.

Tisanne pour se garantir de la gravelle.

IL faut prendre de la graine de turquette , avec de la graine de lin , autant de l'une que de l'autre , environ demie once à demi concassée, une bonne racine de guimauve & de chardon rou-land , faire boüillir dans 2. pintes d'eau, & reduire à trois chopines, on en use une verrée au matin, & quand le mal est tres-violent, une autre verrée au soir, cette tisanne fait des merveilles.

Eau pour la brûlure.

FAut prendre une livre de mine de plomb , & une pinte de bon vinaigre, & laisser infuser le tout l'espace de vingt quatre heures, puis la jetter par une lisiere d'écar-late , lors que l'on se voudra servir de ladite eau , il faudra y mêler cinq

cinq ou fix goutes d'huile , qui eft
auffi tres-bonne pour adoucir la
douleur de ladite brûlure , en froter les brûlures trois ou quatre fois
par jour , & mettre deffus un papier broüillard.

Pour retention d'urine.

PRenez deux pies, coupez-leur
la tefte, & en prenez la cervelle , & la mettre dans deux cuillerées d'huile damande douces
tirées fans feu , & y mettre un
peu d'eau pour la faire avaler
plus facilement : il faut auffi-toft
uriner.

Pour Coliques de toutes fortes.

ESprit de vin une dragme, efprit de nitre demi fcrupule,
eau tiede trois onces, mêler le tout
enfemble , couvrir le malade , il
fuera fort, & tout d'un coup, il ne
fent plus de mal.

M

Pleurefie.

Ix onces d'eau de pavot difti-lée, & y faites diffoudre quinze grains de fel d'Hypericon.

Pour la fiévre tierce..

A fueille & racine de piloxelle la battre & la mettre infufer dans un demi feptier de vin blanc, & le prendre un peu auparavant l'accez.

Autrement.

Renez de l'eau de chicorée diftilée fix onces, fel d'abfinte une dragme, l'efprit de fel dix gou-tes, Il faut auparavant avoir fait les remedes univerfels..

Hydropifies.

N guérit prefque tous les Hydropiques en prenant par

la bouche ou en lavement de trois jours en trois jours, une decoction d'abſinthe, d'enula campana, & de polipode.

Petite verole.

SI toſt qu'on s'apperçoit que c'eſt la petite verole, il faut prendre du lait frais tiré, le laiſſer repoſer cinq ou ſix heures, puis ramaſſer la crême de deſſus, & en mettre ſur le viſage, reiterer tres-ſouvent, cela empêche de marquer, & même que la verole ne ſorte au viſage.

Autre.

QUand l'on eſt aſſeuré que c'eſt la petite verole, il faut prendre de l'huile de ſcorpion, & en frotter le dedans des mains, la region du cœur, le deſſous des aiſſeles & la plante des pieds, cela fait beaucoup ſuer & fait ſortir toutes les humeurs corrompuës.

Pour arrêter le vomissement.

IL faut mettre dedans un œuf la grosseur d'une féve de Theriaque & l'avaler.

Pour toutes sortes de fiévres.

IL faut prendre au commencement de la fiévre ou du frisson un poisson de jus de Bourache, le mêler avec autant de vin blanc, le tout faisant un verre, l'on en peut prendre deux ou trois fois, si la fiévre ne quitte d'abord.

Pour la goutte.

MEttez des fueilles de lierre sur les endroits où l'on sent de la douleur, & cela l'ôte.

Autre.

IL faut au decours des Lunes avaler tous les matins une gousse

d'ail ou deux fans macher , & ce à
jeun & pendant tout le decours.

Pour empécher que le lait ne vienne
au fein des femmes qui font en
couche.

IL faut laver du beurre frais neuf
fois dans de l'eau de fontaine,
puis une fois dans de l'eau rofe,
mettre de ce beurre fur une fueille
de papier , & l'appliquer fur le
fein le fecond jour de la couche;
puis coucher du miel fur des étoupes , que l'on mettra par deffus la
feüille de papier, où eft le beurre,
le miel touchant le papier , & ac-
commoder l'étoupe en forte que
le beurre ne coule point , puis des
linges par deffus , & laiffer le tout
neuf jours.

Il eft éprouvé, & conferve le fein
parfaitement, fans empécher pour-
tant que le lait ne revienne une au-
trefois.

M iij

Cataplasme à faire percer les Mam-
melles, ou tout autre mal & dureté.

DEux poignées d'ozeille, les
metre en un pot de terre avec
un morceau de beurre frais gros
comme un œuf, une ou deux cuillerées de verjus, & un oignon de
lys bien pilé, faire boüillir le tout
enfemble, tant qu'il foit cuit, les
ôter du feu, y mettre comme la
groffeur de deux noix de levain, &
quand il ne fera plus que tiede, prenez-en un peu & l'appliquez fur le
mal, aprés l'avoir graiffé d'huile
rozat, & en changez trois fois le
jour. Il ne faut jamais percer le
mal, quand c'eft le fein qui eft dur,
mais le laiffer percer de luy-méme.
Voyez à la page 114.

Pour l'Hydropifie.

TRois ou quatre bonnes poignées de cerfueil, les bien

piler dans un mortier, & épraindre le tout dans un linge blanc, &
qu'il y ait environ demi verre de
verjus, le mettre avec autant de vin
blanc dans un verre, & le faire boire au malade à jeun & le faire promener le plus qu'on pourra, mais
fort doucement dedans la chambre, & continuer ledit remede
jufques à ce que le malade foit tout
à fait defenflé. Il faut prendre un
boüillon, deux heures apres la prife du cerfueil, il faut auffi que le
malade boive à fes repas un peu de
vin blanc avec de l'eau, dans laquelle il aura trempé de la pinpe-
nelle, & qu'il n'en boive pas plus
d'un demi feptier, tant en vin qu'en
eau à chaque repas.

Fiévre Carte.

FAut prendre un jaune d'œuf
frais, & le délayer dans un
verre de vin blanc, & le faire pren-

dre au malade dans le commence.
ment du friſſon.

Pour le flux de ſang & diſſenterie.

IL faut prendre le ſuc de la grai.
ne de ſureau, lors qu'elle eſt bien
meure , le paſſer dans un linge ou
ferge pour le mieux purifier, en.
ſuite avoir de la farine de bon fro.
ment autant qu'il vous plaira, &
vous vous ſervirez de ce ſuc , au
lieu d'eau pour faire de petits
pains de la groſſeur d'une balle
de batoy, on les mettra cuire avec
le pain dans un four, il faut pren.
dre garde qu'ils ne ſe brûlent à caufe de leur petiteſſe , s'ils ne ſont
pas ſecs la premiere fois, faut les
remettre une autre fois, afin de les
rendre ſecs dedans comme dehors,
pour les mettre en poudre, enſuite
on en fait de petits pacquets apres
qu'on l'aura paſſée dedans un tamis fin , & chaque paquet doit
être

petits enfans, le quart des grands:
c'eſt à dire le poids d'un demi écu,il
faut donner cette poudre dans deux
cuillerées de lait tiede, au deffaut
de boüillon , & le matin à jeun , &
qu'il y ait deux ou trois heures
qu'on n'ait rien pris , & ne boire
ny manger de deux heures apres,
l'on peut en faire de méme le ſoir
en faiſant ce que deſſus , & continuer juſques afin de guériſon qui
ſera en peu de jours, il faut mettre
la poudre, en lieu ſec, & dans des
des boüteilles.

Pilules Angeliques.

VNe livre de ſuc de roſes , ſuc
de fumeterre , de chicorée ,
de bourroche , de bugloſe , de houblon , de chacun trois onces. Il
les faut depurer au Soleil ou ſur le
feu , puis faire infuſer demie once
de rhubarbe , avec une dragme de

santal citrin : expoſer le tout deux
ou trois jours au Soleil ſans remuer,
puis le couler, cela fait, ajoûtez y
deux livres d'aloës ſocotrin pulveriſé ſubtillement:mais en le mettant,
il faut proceder lentement, mou-
vāt la maſſe avec un bâton propre.
Tout ce que deſſus étant bien mêlé enſemble, il le faut tous les jours
expoſer au Soleil pendant deux ou
trois mois , & avoir ſoin de le remuer de terme à autre juſques à la
parfaite conſiſtance de pilules ; Il
faudra avoir égard à la chaleur
plus ou moins grande.

La doze eſt de vingt cinq ou
trente grains pour ſe purger en forme ſuivant que l'on eſt plus ou
moins fort à émouvoir on les prendra le ſoir immediatement avant le
repas, en mangeant du potage ou
ſoupant à l'ordinaire ; on en prend
auſſi pareillement une de cinq ou
ſix grains peſant tous les jours

avant le fouper.

Ces Pilules font tres-utiles pour les afflictions du ventricule & du Mefenare pour les fluxions & les goutes. Elles coroborent l'efto-mach, purgent doucement la bile & la pituite, conforte les inteftins, les entrailles, & le ventricule, & en chaffent les douleurs : Elles gué-riffent le *Vertigo* & l'étourdiffe-ment de tefte, la rendent plus forte à la lecture. Elles empéchent que la viande ne fe corrompe dans l'eftomach, tuent les vers & puri-fient le fang.

Pour le flux de fang & devoyement.

FAut demy feptier d'eau rofe avec autant d'eau de plantin, & y mettre infuzer deux onces de rofes de Provins douze heures fur de la cendre chaude, puis paffer & y mettre le poids de deux écus de rubarbe coupée par petits mor-

ceaux, infufez autres douze heures, puis paffer & preffer, & mettre le tout dans un poëflon fur le
feu, avec deux onces de fucre, &
en faire un fyrop.

Il faut à jeun en prendre le
premier jour deux cuillerées,
& une tous les jours, enfuite
on demeure une heure & demie
apres la prife fans manger, & continuer ainfi jufques à ce que le
dévoyement foit ceffé. Il eft infaillible.

Autre infaillible & plus prompt.

PRendre le matin dans un œuf
cuit à l'ordinaire la quantité
d'une demie cuillerée d'argent
d'une petite graine rouge nommée
argentine, qui fe trouve chez les
grainetiers à la halle, apres l'avoir
bien remuée & broüillée dans
l'œuf, & faire cela deux ou trois
fois à differentes heures, & cela

fait merveilles promptement.

Eau excellente pour laver la bouche,
& pour le mal des dents.

MEttre dans une bouteille de verre renforcée ou autre, une chopine d'eau de fontaine, un demy septier d'eau rose, trois douzaines de cloux de Girofle par menus morceau. Deux dragmes de canelle, & gros comme une grosse noix d'alun de roche, placez la bouteille toute découverte à un demy pied du feu, & la tourner de fois à autre, la faisant boüillir à petit feu jusques à ce que les clouds & la canelle soient descendus au fond. Ce qui se fait pendant environ cinq heures, en tournant la bouteille d'un côté & d'autre.

Pour les Fiévres.

MEttez deux cuillerées de syrop. de violettes dans un

verre , & deux cuillerées de vin, joignez - y six grains de poudre de vipere, ou trois d'Orvietan , dix goutes d'esprit ou aigre de souffre , & dix de teinture de vitriol , remplissez d'eau le reste du verre, & battez tout cela en-semble & le donnez au malade trois heures ou environ avant son accez, ou bien dans l'accez méme, on peut si on craint l'odeur de l'Orvietan, le prendre à part dans une portion de la liqueur,& le reste par dessus la poudre de vipere est insipide.

Il n'y a point de fiévre qui resi-stera à quatre prises de ce remede. Il en faut prendre deux jours,& laisser un jour entre-deux.

Pour la gravelle & la Pierre.

METTEZ sur trois pintes de vin blanc, une once de poudre d'Ambre qui se vend chez les Droguiftes , pour faire boüillir cela dans un vaiffeau jufques à la re-duction de moitié, & étant froide & mife dans une bouteille bien bouchée, en ufer tous les jours à jeun un demy verre, & continuer cela jufques à ce que l'on foit fou-lagé, comme il arrive apres quelques prifes.

Vfage de l'Huile de Palme pour forti-fier les membres débilitez.

IL faut le foir & le matin bien froter la partie affligée avec des linges chauds devant le feu, & en-fuite prendre de certe huile, la groffeur d'une petite noiffette, & autant de beurre frais qu'on dé-layera & mélera enfemble fur une affiette qu'on mettra fur de la cen-dre chaude, feulement pour fon-dre l'un & l'autre, & au méme temps qu'ils feront fondus, il fau-dra avec une plume en oindre la

partie affligée, & se tenir un peu
de temps devant le feu , couvrir
ladite partie malade à l'ordinaire,
& d'une peau de liévre par dessus.

Pour le mal de gorge.

PRenez pour deux sols de farine de Seigle chez les Grainetiers, la faire boüillir dans un demy septier de lait, pendant un demy quart d'heure , puis prendre
deux oignons de lys & les faire
boüillir ensemble , & du tout en
faire cataplasme qu'il faut mettre
tiede sur la gorge. Il fait un effet
merveilleux.

Syrop excellent pour le poulmon.

PRenez Sebestes , Jujubes, Da-
tes, dont on ôtera les noyaux;
Raisins de Damas & Figues , de
chacun un quarreron , mettre le
tout dans un pot de terre vernisé,
avec autant d'eau de fontaine qu'il

en faut pour les faire cuire en perfection , & à gros boüillons, jufques
à la diminution de la moitié, puis
paſſer dans un linge neuf, preſſant
fort le marc , & apres metrre cette
décoction dans un pot de terre neuf
vernisé , & la faite cuire lentement
ſur un petit feu de charbon, & pendant qu'elle boüillira , y mettre
un quarteron de ſucre roſat, quatre
gros de Diairées ſimple, autant de
Diatragacanthe , & demy quarteron de ſucre fin, cuire le tout à perfection de ſyrop.

Il en faut prendre deux cuillerées
le ſoir en ſe couchant , & autant le
matin , être deux heures ſans manger, & continuer jufques à ce que
la fluxion ſoit paſſée.

Eau pour les yeux.

TRois chopines d'eau de riviere dans un chauderon , & la
faire boüillir jufques à diminution

presque de moitié , pulverisés une
once de couperose blanche qu'on
mettra dans un cornet de papier,
faites rougir une pelle , & la posez
sur le bord du chauderon , & laiſ.
ser tomber doucement ladite cou.
perose sur le dos de la pelle , qui
tombera dans ledit chaudron ;
trempez , & faites éteindre la pelle
méme dans l'eau du chauderon,
il faut qu'elle soit reduite à moitié , & lors ladite eau eſt faite.

Etant froide , il en faut mettre
une goute sur le bout du doigt , &
en froter doucement l'œil , & méme y en faire entrer un peu : elle
cuira , mais la cuiſſon sera de peu
de durée.

Pour les Hemoroïdes externes.

VNe livre de panne de porc
mâle , & la couppez par petits morceaux , une groſse botte
d'Ache de valeur de quinze ſols,

ou environ, coupée & hachée par
petits morceaux, tant les fueilles
que les côtes, une livre de poix
refine concafsée, & une livre de
cire blanche auffi rompuë par morceaux.

Mettez premierement la panne
de porc dedans un chauderon fur
un petit feu, afin de la faire fondre
doucement, en la remuant toûjours avec une cuillere de bois : Enfuite mettez l'Ache dans le chauderon avec la poix refine, & les remuez jufques à ce que le tour foit
bien fondu & mêlé, & que l'Ache
foit prefque cuite, puis apres mettez la cire dans le chauderon pour
la broüiller & la faire fondre, &
entretenir le tout fur un petit feu
lent, pendant trois ou quatre heures, jufques à ce qu'il foit fait un
onguent de couleur verdbrun ;
aprés quoy il le faut pafser dans un
torchon clair, & le mettre dans un

pot de grez que l'on couvrira, &
lors que l'onguent fera froid, il
faudra s'en fervir pour froter les
hemoroïdes, en mettant par deſſus
du cerfueil qui aura été épluché
& paſſé un peu dans la main, &
faire cela juſques à ce que l'on ſoit
guéry, comme il arrive en peu de
temps, ſuivant qu'il a été experimenté tres-ſouvent par diverſes
perſonnes.

Choix des Drogues pour l'Onguent Manus Dei.

CHoiſiſſez le Galbanum le plus
ſec. Le plus jaune eſt le meilleur, & le rouſſaſtre n'eſt pas ſi
bon,

L'Ammoniacū en graine moyen-
nement groſſiere, & non en maſſe.
il eſt de couleur rouge brun.

L'Opponax, auſſi en graine, &
non en maſſe. Le plus jaune eſt le
meilleur, & il eſt blancheâtre dedans.

Le Vinaigre blanc le plus fort
& le plus blanc.

L'Huile d'Olive qui ne soit point
vieille, mais de la meilleure & de
la plus nouvelle.

La Litarge d'or, la plus haute
en couleur, la plus rouge, argen-
tée, & la moins brune.

Le Verd de gris le plus beau en
couleur verte.

La Myrrhe choisie, & la plus
transparente.

L'Ariftoloche longue & la plus
vive & nette, qu'il faut couper par
rouelles, qu'on fera feicher fur le
four. Avant que de la piler & ta-
mifer il la faut racler & couper ; la
plus jaune qu'elle peut être dedans
c'eft la meilleure.

Le Maftic en larmes choifi & net
& le plus tranfparent: il eft de couleur d'Ambre un peu pâle.

L'Oliban le plus net, il eft jaune.

Le Bdellium en graine, & non

en maſſe, il eſt de couleur orangé.

L'Encens choiſi, c'eſt-à-dire le plus ſec, afin qu'il ſe puiſſe piler & tamiſer; le plus blanc eſt le meil. leur.

La pierre d'Aymant qui attire au moins une médiocre éguille à cou- dre, celle qui n'attire point le fer ne vaut rien.

La cire jaune neuve & la plus jau. ne & la plus nouvelle.

Toutes ſes drogues pulveriſées & paſſées au tamis de ſoye. Le poids preſcrit dans la recepte s'y doit trouver à bonne meſure.

Methode pour bien faire l'Onguent Menus Dei.

PRenez Galbanum, une once, deux dragmes, Ammoniacum trois onces trois dragmes, & Op- ponax, une once. Il faut prendre le poids des trois gommes cy-deſſus un peu fort, à cauſe du dechet qu'il peut y avoir en les coulant apres avoir été infusées.

Concaſſez groſſierement ces trois gommes dans un mortier, chacune à part, & les mettez dans une terrine verniſée avec deux pintes de vinaigre blanc qui ne ſoit point mixtionné. Laiſſez les y tremper deux jours & deux nuits, les remuant chaque jour deux ou trois fois avec une ſpatule ; ou bien ſi vous voulez faire cette infuſion en vingt quatre heures, vous ferez un fort petit feu que vous renouvellerez trois ou quatre fois pendant ledit temps ſous la terrine où tremperont leſdites gommes, & les remuërez autant de fois que vous mettrez du feu, pour les mieux diſſoudre & incorporer avec le vinaigre. Aprés que vos gommes auront ainſi trempé, qu'elles ſeront diſſoutes dans le vinaigre, mettez le tout dans une poëſle de cuivre ſur

le feu ou dans la même terrine où
auront infusé lefdites gommes, les
laiffant boüillir jufques à la diminution du quart du vinaigre ou environ; alors vous coulerez ces gommes bien diffoutes par une étamine
ou toile forte, en les exprimant ou
preffant fi bien qu'il ne demeure
dans la toille aucune fubftance
gommeufe.

Aprés qu'aurez ainfi paffê le tout,
remettez-le derechef fur le feu
dans la même poëfle, ou dans une
autre, & les ferez encore boüillir
jufques à ce que le vinaigre foit
tout confommé, & que lefdites
gommes prennent corps ; ce que
vous connoîtrez en laiffant tomber
quelques goutes avec la fpatule de
fer fur une affiette, & fi étant re-
froidies elles s'épaififfent & deviennent fermes, ce fera fait, alors ôtez
vôtre poëfle hors du feu, & y laiffez refroidir vos gommes.

Puis

Puis prenez huile d'Olive de la meilleure, deux livres & demie, & la mettez dans une autre poële de cuivre qui soit suffisamment grande & profonde, prenez ensuite Litage d'or en poudre pafsée par le tamis, une livre & demie ; vous la mettrez dans un papier, & verferez petit à petit dans l'huile, remuant continuellement avec une longue & large fpatule de bois ; enfuite une once de verd de gris pafsé par un tamis fin, & vous le verferez auffi dans ladite poële, toûjours remuant comme deffus: puis mettez vôtre poële fur un Fourneau de fer ou autre, avec un fort petit feu de cinq ou fix charbons, en forte que la poële ne s'échauffe gueres, vous remuëres ans ceffe & diligemment le tout enfemble, avec la fpatule de bois, jufqu'à ce que les drogues foient bien difsoutes liées & in corporées

O

enfemble avec l'huile. Et notez
bien que fi on ne fait ainfi & fi on
ne remuë incefsamment , la litarge
s'amafsera en un monceau & que
pour cela feul il faut au moins trois
heures de temps comme on le va
dire : Car au bout d'une heure ces
drogues deviennent de couleur
verdâtre , alors vous mettrez encore trois charbons defsous ladite
poële , & continuërez à remuer,
jufqu'à ce qu'elles deviennent jaunes & qu'elles commencent à pe-
tiller ; ce qui arrive environ encore
au bout d'une heure : alors il faut
faire le feu un peu plus fort qu'auparavant , & remuer aufsi plus fort,
& au bout d'un quart d'heute , le
tout deviendra d'une couleur pâle
tirant fur la feüille morte. Continuez de remuer toûjours fortement jufques à ce qu'il devienne
d'un rouge brun , & pour lors il en
faut prendre un peu avec la fpatule,

& mettre sur une affiette pour voir
s'il prend corps & s'il ne tient plus
aux doigts : s'il tient encores aux
doigts il faut le mettre sur le feu
encore un bouillon ou deux, &
toûjours remuer & l'effayer de
moment en moment, jufques à ce
qu'il ne tienne plus à l'affiette ny
aux doigts ; Et quand il ne tiendra
plus aux doigts , il faudra l'ôter
hors du feu , & pour lors y mettrez
la moitié de la cire qui fera couppée , ou plûtôt raclée comme de
petits coppeaux les plus déliez
qu'il fe pourra, laquelle vous ne
mettrez que peu à-peu en remuant
toûjours. Enfuite vous remettrez
le tout fur un feu mediocre , & y
jetterez encores peu-à-peu l'autre
moitié de la cire, de laquelle il ne
faut mettre en tout qu'une livre;
cela fait vous retirerez vôtre poële
hors du fourneau,& la laifferez un
peu refroidir. Cependant vous

O ij

prendrez l'autre poële où font vos
gommes déja cuites & froides , que
remettrez fur un petit feu pour les
faire fondre , les remuant avec la
fpatule , & enfuite les verferez dans
l'autre poële qui eft hors du feu,
& remueres toûjours le tout avec
la fpatule , car à moins de cela la
compofition s'enfleroit & fortiroit
par deffus la poële , vous conti-
nueres tant que les gommes foient
bien diffoutes avec les drogues.
Puis vous prendrez quatres onces
d'Aymant fin de Levant broyé en
poudre fubtile pafsé par le tamis de
taffetas , & broyé fur la pierre afin
qu'il foit plus délié , que mettrez
dans une feüille de papier , & le
verferez fort doucement dans les
drogues , en l'incorporant & mé-
langeant avec la fpatule , la poële
hors de deffus le feu : car fi vous y
mettiez l'Aymant pendant qu'elle
feroit fur le feu , il feroit à l'inftant

enfler toutes les drogues, en forte
qu'en perdriez une bonne partie.
Aprés que vous aurez bien incor-
poré l'Aymant feul hors du feu,
vous remettrez la poële fur le fourneau à feu mediocre , continuant
joûjours à remuer avec la fpatûle.

Aprés vous aurez les poudres fui-
vantes , fçavoir Myrrhe fine une
once , Arifto1oche longue deux onces , Maftic en larmes une once,
Oliban une once , Bedellion une
once , & Encens pur & net deux
onces. Toutes ces drogues bien
mifes en poudre & pafsées par le
tamis chacune à part : Mêlez les
toutes enfemble dans une feuille
de papier , & apres vous les verferez doucement dans la poële qui
eft deffus le feu , tandis qu'un autre
remuëra inceffamment pour les
bien incorporer , & quand vous
aurez verfé vos poudres , vous continuërez fur le méme feu de remuer

toûjours, jufques à ce que les drogues enflent de trois ou quatre
doigts : mais auſſi-tôt qu'elles auront enflé, retirez vôtre poële hors
du feu , & continuez à remuer diligemment avec la ſpatule tant que
la compoſition ſe prenne & s'épaiſ-
fiſſe entre molle & dure, en telle
ſorte que vous puiſſiez manier facilement vôtre Onguent fans vous
gâter les doigts. Alors retirez cét
Onguent par morceaux avec la
ſpatule, mettez les fur une table
bien nette & unie , moüillée de vinaigre blanc , puis formez-en des
roulleaux ou magdaleons, leſquels
vous envelopperez de papier , chacun à part pour les garder.

Maniere de ſe ſervir de l'Onguent Manus Dei.

P Remierement, il faut ſçavoir
que l'Onguent *Manus Dei*, ſe
peut garder cinquante ans en ſa

bonté , & qu'il n'eſt pas en ſa parfaite vertu qu'il n'y ait deux ou
trois mois qu'il ſoit fait , & pour
l'appliquer ſur quelque playe ou
autre mal , il le faut pâter ou amollir avec les doigts mouillez d'un
peu de vinaigre ou de vin , puis l'é-
tendre ſur de petit cuir qui ſoit net,
ou ſut du taffetas , ou de la futaine,
& non ſur du linge , parce qu'il le
perceroit : il n'eſt pas néceſſaire de
mettre ny tente ny charpie dans la
playe , ce n'eſt pas qu'il ne ſoit bon
quand la playe eſt profonde d'y
mettre quelque tente ou charpie
entouree & fort couverte dudit
Onguent. Le premier Emplâtre
qu'on met ne ſe doit lever qu'au
bout de vingt-quatre heures , &
ceux qu'on met enſuite , de douze
en douze heures , ſi ce n'eſt que le
mal preſſe de les relever plus ſouvent par la quantité de bouë qui en
pourroit ſortir. En relevant l'Em-

plâtre il faut en essuyer le pus, s'il
y en a, & repâter l'Onguent avec
un peu de vin ou vinaigre, en remettant de l'Onguent s'il y en
manque, & ainsi un Emplâtre peut
servir bien plus d'une fois. Il faut
noter que le malade ou blessé ne
doit manger ny Aux ny Oignons:
car il sera guery plûtôt en huit
jours, qu'en deux mois s'il en mangeoit.

Vertus & proprietez principales de
l'Onguent Manus Dei.

IL mondifie fort, & fait revenir
la chair nouvelle sans corruption à la playe.

Il unit les nerfs couppez ou cassez
en quelque maniere que ce soit.

Il guerit toute enfleure, méme si
quelqu'un avoit la tête enflée outre mesure : mais il faut razer les
cheveux avant qu'y mettre l'Emplâtre.

Il

Il guerit toute enfleure, méme si quelqu'un avoit la tête enflée outre mesure : mais il faut razer les cheveux avant qu'y mettre l'Emplâtre.

Il guerit les arquebuzades & éteint le feu qui en provient, il fait sortir le plomb ou fer des playes.

Il guerit aussi les coups de flêches, & attire les os rompus, s'il y en a dans le corps.

Il guerit toutes morsures de bêtes venimeuses & enragées : car il attire subitement le venin.

Il guerit toutes sortes d'Apostumes & glandes, comme aussi le chancre & les fistules.

Il guerit encore les Escroüelles, & autres Apostumes de tête dehors & dedans.

Si vous en mettez sur la peste, il la gardera de passer outre, & en serez guéri.

Il est bon pour toutes sortes d'ulceres, tant vieilles que nouvelles.

Il eſt excellent pour le farcin des chevaux, en faiſant percer le bouton avec un fer chaud, & razer le poil de la largeur du bouton. Il eſt auſſi excellent & indubitable pour les clouds de ruë des chevaux, en faiſant un peu fondre dans une cuillier, aprés que le mal aura été découvert.

Il eſt bon pour la teigne des enfans, mais il faut razer les cheveux avant qu'y mettre l'Emplâtre.

Il eſt bon pour les Hemorroïdes, tant internes qu'externes, en relevant l'Emplâtre en ſes neceſſitez, puis le remettant.

Pluſieurs s'en ſont ſervis heureuſement au mal de dents en l'appliquant ſur la tempe, ou derriere l'oreille.

D'autres ont été gueris du rheumatiſme, en l'appliquant ſur la nuque du coû, & mémes ſur les épaules ou fur les bras ; ce qui fert auffi aux autres douleurs du corps.

Quand on fe trouve menacé de Paralyfie, fi on fe fert de cét em-plâtre , on fe trouvera bien-tôt gueri : car il fortifie fort les nerfs affoiblis.

Il eft bon pour les fiftules qui vien-nent au coin de l'œil, en l'y laiffant long-temps.

Il eft bon auffi pour les fiftules re-ftées apres qu'on a été taillé de la pierre.

Il eft bon pour les tayes des yeux, mémes qui privent de la lumiere, comme fi l'on étoit aveugle, on ferme les paupieres, & on y appli-que l'Emplâtre par deffus , l'efpace de quinze jours ou davantage.

Il arrête incontinent le fang d'u-ne coupure en effuyant bien le fang , & appliquant cet Emplâ-tre chauffé au feu.

Il eft bon pour les louppes , y laif

fant long-temps cét Emplâtre.

Il eſt auſſi excellent pour la brûlure , il faut d'abord laver la brûlure avec du vinaigre & du ſel, &
puis mettre un Emplâtre dudit
Onguent. Il faut mettre dans deux
cuillerées de vinaigre , ſix grains
de ſel écrasé , & le faire un peu tiedir pour fondre le ſel.

Il eſt bon auſſi pour les maux qui
arrivent aux mammelles des femmes.

·Bref , il eſt encore bon à beaucoup d'autres maux , comme on
l'éprouve tous les jours. Et il y a eu
pluſieurs perſonnes auſquelles on
étoit prés de couper la jambe, la
main ou des doigts de la main , leſquelles par l'application de l'Onguent *Manus Dei* , ſans faire autre
choſe , ont été entierement gue-
ries.

Autre Onguent fort excellent & fort éprouvé pour toutes bleſſures, apoſtumes, coupures, douleurs, tumeurs chaudes ou froides. On l'appelle en quelques lieux Onguent de Bois Guillaume, *ou de* Bauquemare, *à cauſe que ces deux familles en donnent aux pauvres, & en ont fait d'admirables cures.*

UNE livre de bonne huile d'olive.

Une livre de cire neuve coupée par petits morceaux.

Quatre onces de Ceruſe bien pulveriſée.

Quatre onces de Litarge d'or bien reduite en poudre.

Quatre onces de poix de Bourgogne.

Et quatre onces de Myrrhe choiſie de la plus onctueuſe, concaſſée.

AYez un pot de terre neuf, bien verny & aſſez grand pour que les drogues en bouillant ne ſortent pas par deſſus. Mettez-y premierement l'huile & la faites cuire ſeule pendant demie heure à tres petit feu la remuant ſouvent. Vous y mettrez aprés la Ceruſe qu'il faut faire cuire pendant une heure & à petit feu , la remuant auſſi ſouvent , enſuite jettez-y la litarge d'or que vous ferez cuire pendant le méme-temps d'une heure en la remuant toûjours. Mettez-y alors de poix de Bourgogne & l'y laiſſez cuire un quart d'heure à petit feu ſans remuer, apres cela vous y mettrez la cire que vous laiſſerez bouillir pendant demie heure à petit feu & remuant ſouvent. Alors vous retirerez vôtre pot de deſſus le feu , & y verſerez auſſi-tôt vôtre myrrhe peu - à - peu remuant fans ceffe jufques à ce que le tout commence à refroidir, & lors que l'Onguent refroidy commence à fe prendre, il en faut faire des rouleaux, les enveloper de papier, & laiffer repofer trois ou quatre jours avant de s'en fervir. Il faut peu d'Onguent fur les emplâtres & fans tente. Quand il n'y a point de playes on peut faire fervir l'appareil plufieurs jours, méme huit jours, principalement lors que le mal n'eft que tumeur ou douleur. Il faut aux playes le changer de vingt quatre heures en vingt quatre heures.

Cét Onguent eft fouverain pour tous les mémes maux que le *Manus Dei*, cy-deffus.

Onguent Noir ou de Charpie , dont
Madame Fouquet se servoit pour
toutes sortes de playes vieilles &
nouvelles.

IL faut prendre sept livres d'huile
d'olive, deux livres de Charpie
de vieille toile de chanvre, mettre
la charpie dans un grand baſſin ou
vaiſſeau de cuivre, & verſer l'huile
ſur toute la Charpie, en ſorte qu'elle ſoit abreuvée par tout ; puis
mettre le tout ſur un feu de charbon tres moderé , de peur que le
feu ne ſe prenne à l'huile , & ne
brûle ou calcine la Charpie ; il faut
remuer toûjours avec une verge de
fer juſqu'à ce que la Charpie ſoit
toute conſumée, ce que vous connoîtrez lors qu'en mettant ſur une
aſſiette vous ne remarquerez plus
aucuns filamens de la charpie. Cela
fait il faut retirer le Vaiſſeau du feu
& quãd il ceſſera de bouillir y met-

tre petit à petit une livre de ceruſe
bien en poudre,& remuer toûjours,
puis on le mettra ſur le feu environ
une minute. Enſuite il faut le retirer
& y verſer, ainſi qu'on a fait la ceruſe, cinq carterons de litarge d'or
en poudre, aprés on fera bouillir
un peu le tout & on l'ôtera de deſſus le feu pour y mettre demie livre
de cire vierge coupée par morceaux, enſuite dequoy on fera jetter encore un bouillon , & on le
retirera pour y mettre demie livre
de myrrhe en poudre peu-à-peu,
comme deſſus en remuant toûjours, on fera encore bouillir un
bouillon , & enfin on le retirera du
feu pour y ajoûter deux onces
d'aloës bien pulveriſé en remuant
auſſi toûjours : puis apres encore
deux ou trois bouillons, on en mettra un peu ſur une aſſiette & on le
laiſſera refroidir pour voir s'il prendra , que s'il eſt trop moû il faut le

faire bouillir encore doucement
jufqu'à ce qu'il ait acquis la confiftance neceffaire. Quand ce fera
fait il faut le tirer du feu , huiler
une méchante table, ou la frotter
de vinaigre, & avec une cuillier à
pot verfer l'onguent deffus pour le
faire refroidir, & quand il fera froid
il faudra le mettre en rouleaux.
Que fi en faifant bouillir l'onguent,
le feu s'y prenoit , il faut avoir un
couvercle tout preft pour couvrir
le vaiffeau & étouffer le feu dedans , & même de peur qu'il ne s'en
perde , il faut mettre le vaiffeau
dans un autre vaiffeau plus grand.

Maniere de s'en fervir.

SI la playe eft à fleur de peau,
il ne faut que mettre un emplâtre par deffus il fervira un jour
ou deux felon que la playe purge
plus ou moins , mais il la faut ef-
fuyer le foir & le matin. Si la playe

eſt profonde , il faut prendre un
rouleau· dudit Onguent , le faire
fondre dans ſix cuillerécs d'huile
d'olive ou d'huile roſat & prendre
de la Charpie en bonne quantité
la mettre tremper dans cét Onguent fondu , & les remuer tant
que toute la Charpie ſoit trempée,
& puis la mettre dans un pot, &
quand l'on s'en veut ſervir , il en
faut prendre un peu que l'on mettra dans le trou, mais il faut changer cette Charpie , deux fois le
jour , & mettre un emplâtre par
deſſus qui durera deux jours. Si le
trou eſt fort petit , il ne faudroit
pas mettre de la Charpie dedans,
de peur que l'on ne pût pas la retirer, & que l'humeur ne pût ſortir,
mais tremper un petit linge dans
l'Onguent fondu l'épraindre dans
le trou & mettre un emplâtre par
deſſus & l'eſſuyer deux fois le jour.
Si le malade a la fiévre , ou que la

playe foit fort grande, il eft bon
de luy tirer un peu de fang ; quand
il n'a point de fiévre , il faut qu'il
fe nourriffe bien , & qu'il s'abftien-
ne de boire du vin.

Onguent appellé Gratia Dei , *ou On-*
guent blanc, tres-fouverain , pour
guérir playes tant vieilles que nou-
velles , Vlceres , Chancres , &c.

PRenez Morelle , Moron rouge , Vervaine , Aigremoine,
grande Confoulde , Bugles , Senicle , Plantin long & rond , Veronique , Pimpenelle fauvage , & Betoine , de chacun deux poignées;
Herbe au Charpentier , Herbe à
la Reyne mâle & femelle. Il faut
les bien laver , les faire fecher & les
preffer entre les mains pour faire
égoutter l'eau , puis les broyer toutes enfemble dans un mortier de
marbre , ou les couper menu comme les herbes que l'on met au pot,

& les mettre dans un pot de terre
neuf bien plombé & vernisé avec
quatre pintes de vin blanc du meilleur & un quarteron d'huile d'olive, bien couvrir le pot & le faire
bouillir jufques à ce que le vin foit
diminué des trois quarts. Alors
faut ôter ledit pot de deffus le feu
& le laiffer repofer jufques au lendemain bien couvert. Le lendemain il faut remettre le pot fur le
feu jufques à ce que la décoction
commence à bouillir , & aprés la
paffer par une Eftamine neuve ou
une ferviette blanche & bien preffer les herbes pour en faire fortir le
fuc , puis mettre ladite décoction
fur le feu dans une poële de cuivre
étamée, la faire bouillir tout doucement & comme elle commencera à bouillir jetter dedans une livre
de poix raifine blanche de la plus
claire concafsée & battuë en poudre, & demie livre de cire blanche

vierge auffi en petits morceaux , &
remuez inceffamment vos drogues
jufques à ce que le tout foit incor-
poré enfemble.

Alors mêlez y peu à-peu, en remuant toûjours, une once de maftic fin purifié & bien pulverisé, &
faites bouillir le tout enfemble environ un quart d'heure à petit feu,
puis le tirez de deffus le feu tout
bouillant , mettez-y en même-
temps une livre de Therebentine
de Venife , en remuant toûjours &
le remettez fur le feu & faites
bouillir doucement en remuant
l'efpace d'un miferere , puis le tirez
& le laiffez refroidir en remuant
avec le bâton jufques à ce que le
tout foit bien allié & que ce qui
refte de décoction fe fepare comme fait le beure d'avec le lait
quand on le bat & étant refroidile
manier fur une table huilée avec
les mains auffi huilées pour en faire

fortir la décoction, & le mettre par
petits rouleaux, qu'on enveloppe-
ra dans de la peau de mouton blanc
du côté de la chair, afin qu'il ne
s'évente, & fe gardera douze ans
fans perdre fa vertu.

La Maniere de s'en feivir.

IL le faut étendre fur la peau
blanche de mouton, & fi c'eft
en lieu où il y ait du poil, il le faut
couper de la grandeur de l'emplâtre, appliquez l'emplâtre fur la
partie, le plus chaud qu'il fe pourra, & laiflez vingt-quatre heures
le premier appareil, en l'ôtant il
faut bien nettoyer ledit emplâtre
avec du linge, en appuyant deflus
iceluy, jufques à ce qu'il foit bien
net & le remettre fur le mal, du
matin au foir nettoyer de méme,
& ainfi chaque emplâtre durera
deux ou trois jours.

Proprietez dudit Onguent.

Cet Onguent guerit toutes playes vieilles & nouvelles, en peu de temps, ôte toutes Chairs mortes en fait revenir de nouvelles, tire les épines, échardes, fleches, tronçons. mémes des flancs, & du foye, aux écrouelles, aux cors des pieds en les parant auparavant, & balles du corps & toutes pourritu. res, guerit les morfures des fer. pens & autres bêtes venimeufes, purge, & guérit toutes fortes d'a. poftumes, & chancres fans tente ny Charpie : eft fingulier pour les bleffures de la tefte, guérit les chaudepiffes, poulains, & fait plus d'effet en un jour qu'aucun autre Onguent en huit jours. Aux cures pour les vieux ulceres, il faut la preparation felon la Conftitution du corps, & le regime de vivre de la faignée & purgation. Il faut penfer de 24. heures en 24. heures.

Onguent

Onguent pour la Paralyſie, & douleurs de membres.

PRenez une pinte de jus d'ye-bles, & deux livres de beurre frais de may , que vous mettrez dans un chaudron ſur le feu ; lors que le beurre ſera fondu mettez-y un plain plat de vers de terre , & une douzaine & demie de limas rouges que vous laverez enſemble dans une chopine de vin blanc; faites tout bouillir tant que le jus d'yebles ſoit conſumé, & que l'on-guent ſoit d'un beau verd, paſſez-le dans un linge ſans beaucoup le preſſer & le mettez dans un pot; quand on voudra s'en ſervir, il faut en faire fondre ſur une aſſiette, frotter l'endroit douloureux , & mettre un linge chaud par deſſus qu'il ne faut point changer afin qu'il ſoit plus gras.

Q

Onguent pour les cheutes, blessures,
contusions, maux d'avanture,
coupures, &c.

PRenez quatre livres de Tripe
Madame, ou crottes de sou-
ris, pilez-les, mettez-les dans un
pot neuf verny par dedans, & y
joignez une livre de beurre frais;
faites tout bouillir un peu de temps,
passez le tout par un linge, mettez dans la colature, deux onces
de cire jaune neuve, deux onces de
therebentine, achevez de faire
cuire le tout. Cét Onguent est
merveilleux.

Onguent pour playes vieilles &
nouvelles.

PRenez Miel nouveau & farine
de froment sassée, battez-les
bien ensemble mêlez-y pour deux
liars de Comitia, ou autant qu'il
en faudra pour la quantité d'On-

guent que vous voudrez faire, le Comitia se trouve chez les Apothicaires. Si la playe est nouvelle & qu'il y faille une tente, vous la frotterez de cét Onguent, & en appliquerez un Emplâtre par dessus, il faut prendre garde si l'os de dessous est interessé & noircy ; en ce cas il faut faire manger la chair de dessus, racler l'os, ôter ce qui est gâté & y appliquer du Charpy sur lequel il y aura de cét Onguent avec un emplâtre par dessus. On a fait plusieurs épreuves de cét Onguent tant en nouvelles qu'en vieilles playes & à des mamelles de femmes que les Chirurgiens vouloient couper, mais comme on ne voulut pas le permettre, elles ont été guéries en moins de six semaines, sans y appliquer autre chose que cét Onguent, & froter quelque fois d'huile de primevere ou pied de chat.

Cét Onguent eſt fort bon pour coupures & coups d'épée , & autres playes & depuis qu'on y en a fait un appareil , le feu ne vient point aux playes.

Huile de Baume excellente pour toutes ſortes de coupures foulures , &c.

PRenez vingt livres d'huile d'olives bien pure , & mettez dedans une bonne poignée de chacune , de toutes les herbes ſuivantes, Bugle , Senicle , Cypres blanc Vervaine , l'herbe de S. Jean , Bétoine , Camomille , Baûme franc, Baûme bâtard autrement Mente, Saûge franche , Sauge à la grand feüille, Milepertuis, Côſoude, Petun des deux ſortes, Roſes de Provins.

Il faut bien monder ces herbes de tous les bâtons & ne mettre que les feuilles , & le cœur comme étant plus tendres , & les hacher & arroſer de vin vermeil , puis met-

tre le tout avec ladite huyle, dans
de grands pots de grais,& l'expoſer
au Soleil vers la fin de Juin, y ajoûtant demie livre d'ariſtoloche con-
caſsée , apres qu'elle aura infuſé
quelque tems dans le vin,& expoſer
le tout au Soleil juſqu'à la mi Août,
& la remuer tous les jours pendant
ledit temps, puis la mettre bouillir
dans un chaudron , environ une
bonne heure , juſqu'à ce qu'elle
ſoit bien verte, & les herbes bien
cuites & la remuer avec un bâton
de peur qu'elle ne brûle , puis la
paſſer au travers d'un gros linge
neuf, & bien preſſer leſdites herbes
afin d'en bien tirer le ſuc, puis la
remettre dans un autre chaudron
bien net, & y ajoûter environ un
demi ſeptier de gros vin vermeil,
deux ou trois gros de maſtic, &
deux ou trois gros d'Oliban, mis
en poudre , & faire bouillir le tout
environ demie heure remuant toû-

jours avec un bâton , puis tirer l'huile & la mettre dans des cruches pour s'en fervir au befoin.

Autre Huile excellente pour toutes for-
tes de playes , tumeurs , &c.

PRenez deux bottes de grand Plantain , deux bottes de Plantain rond , deux bottes de Plantain bâtard ou herbe au Char-pentier , deux de Plantain fauvage, deux d'Orties griefches , deux de Marjolaine , deux de Violettes, une bonne poignée de fel , un bon verre de vin , & mettés le tout dans dix-huit livres d'olive : faites tout bouillir tant que les herbes foient bien cuites , & l'huile bien verte, tournant toûjours les herbes. Quand tout fera cuit , pafsez par un linge, exprimez tout ce qui cou-lera , & gardez cette huile pour vous en fervir au befoin. Il ne faut point laver les herbes , ny leur rien

ôter que le petit bout de la racine
si elles font boueufes, il faut les ef-
fuyer avec un linge.

Huile d'Oignon.

IL faut prendre une livre d'huile
d'olives , & deux ou trois Oignons médiocres, pefans environ
un quarteron , qu'il faut peler &
couper par ruelles, & mettre ladite
huyle & lefdits Oignons enfemble dans un chaudron fur le feu, &
les faire boüillir jufques à ce que
l'Oignon foit bien cuit. Cela fait
retirez le chaudron de deffus le
feu, & y verfez environ le poids
d'une once de chaux vive pilée &
concaffée , & cependant remuez
le tout avec une fpatule ou bâton,
de peur que la chaux ne faffe fur-
monter l'huile & perdre tout ; &
pour l'éviter il fera bon de mettre
le chaudron dans quelque plat ou
terrine, afin que rien ne fe perde.

Le tout étant un peu reposé vous
le passerez dans quelque toile & le
verserez dans un pot pour vous en
servir dans le besoin. Vous au-
gmenterez la doze à proportion
de ce que vous voudrez faire de
ladite huile.

Cette huile est bonne pour toute
playe nouvellement faite, moyen-
nant qu'il n'y ait point d'os offen-
sé, elle est bonne aussi pour toute
foûlure écorchure, tumeur, enflure, pour toutes sortes de brûlure & pour quantité d'autres maux,
pourveu qu'elle y soit appliquée
de bonne heure : & pour s'en servir
il ne faut qu'en frotter le mal &
l'envelopper d'un linge qui aura
trempé dans l'huile.

Opiat pour les obstructions des femmes.

PRenez demi once d'acier préparé, crême de Tartre &
Cristal mineral chacun deux dragmes,

gmes , trochifques d'Abfinthe &
de Capres chacun une dragme,
une once de Sené , deux dragmes
de Turbith , deux dragmes de fel
de Sabine.

Paffés toutes les poudres en un
tamis tres-fin , & les mêlés avec
quantité fuffifante de Syrop de
Capillaires pour en faire un Opiat,
dont on prendra le poids de deux
écus & un boüillon , ou un verre
do laict clair par deffus.

Ledit Opiat fe doit prendre quinze jours durant , aprés avoir été
purgée fuffifamment : que fi aprés
ledit temps il ne fait pas fon effet,
il faut encore purger , & aprés
quinze jours de repos en reprendre
autres quinze jours durant , & ne
pas obmettre d'être purgée devant
& aprés lefdites prifes ; Ce remede
eft tres-fouverain & bien éprouvé.

R

Pour la Cangraine.

PRenez trois pintes d'eau de pluye ou de riviere, verſez-les ſur une livre de chaux vive dans un baſſin d'étain, lorſque le boüillon de la chaux ſera fini, vous y mettrez deux gros de bon maſtic, & demie once d'Arſenic le tout en poudre, & aprés que vous aurez bien tout mêlé avec une ſpatule de bois, vous le laiſſerez raſſeoir, & ferez filtrer l'eau avec une bande de drap blanc ou futaine. Lorſque le tout aura coulé, vous y ajoûterez demie once de mercure ſublimé corroſif en poudre, une once & demie d'eſprit de vin & demi gros d'eſprit de Vitriol, & mettrez le tout dans des bouteilles pour vous en ſervir. *Voyez* 185.

pour ôter les taches de la petite verolle.

PRendre une pinte d'eau de fontaine , & y mettre gros comme une féve de chaux vive. Il faut en moüiller fouvent le vifage, & quand on s'en veut fervir faire tiedir ladite eau , & tâcher de ne point remuer le fonds où la chaux demeure. *Voyez 164.*

Pour faire l'eau d'Orange.

IL faut prendre demi quarteron de groffes Oranges & fix Citrons , en ôter la menuë pelure de deffus , & la hacher par morceaux, puis ôter la groffe pelure blanche que l'on jettera: on y joindra demie once de cloud de girofle & une once de canelle , & l'on mettra tremper le tout dans une quarte de vin blanc , l'efpace de trois jours.

Aprés on jettera tout dans la

R ij

cloche pour diſtiller , avec une pinte de miel blanc, & une pinte d'eau Roſe qu'on mêlera bien enſemble.

La manière de faire l'excellent Syrop Magiſtral , composé par Monſieur Rondelet , fameux Medecin de Mont-pelier.

Prenez douze onces de jus de Bugloſe , neuf onces de jus de pommes de courpendu , quatre onces de jus de Fumeterre , quatre onces de jus de Houblon , le tout épuré de ſon marc , & mêlé enſemble. Du tout il faut mettre les deux tiers dans un grand plat ou pot net , & y faire infuſer pendant vingt-quatre heures , deux onces de Sené d'Orient mondé avec une dragme d'Anis , & dans l'autre tiers dudit jus en un autre vaiſſeau ſeparé, y mettre auſſi infuſer pendant vingt-quatre heures une once de bonne Rubarbe rapée & une dragme de canelle concassée. A la fin des vingt-quatre heures, il faut faire boüillir quelque quart d'heure à feu lent le Sené & non la Rubarbe qu'il suffit de mettre sur de la cendre chaude, puis passer & presser le tout en un linge net qui soit fort, pour en tirer tout le suc & la substance, & mettre le tout ensemble ledit jour en une presse à confitures, & y ajoûter seize onces de sucre fin. Faites cuire le tout jusqu'à consistance de Syrop, puis y ajoûtez quatre onces de Syrop de roses pâles que mêlerez bien ensemble. Cela fait, il en faut prendre trois onces, ou seul, ou avec jus de pruneaux, ou dans un boüillon du pot, & garder la chambre ce jour-là.

Il est excellent pour remettre & fortifier un estomach debile, guérir la mélancolie, l'hydropisie, jauniſſe, catharres, &c.

Pour fortifier ſeulement l'eſtomach & chaſſer la melancolie, on
peut faire ledit Syrop ſans Rubarbe, Sené & Syrop de Roſes, &
alors on en prend de trois jours
l'un.

Liqueur cordiale excellente.

PRenez une pinte de bonne
eau de vie, une once de canelle miſe par petits morceaux, & les
mettez enſemble en un vaiſſeau
bien couvert, & les laiſſez tremper
dans ledit vaiſſeau deux fois vingt-
quatre heures, puis y ajoûtez deux
dragmes de Diacameron en poudre, & enſuite vous prendrez demie livre de ſucre fin mis en poudre, lequel ferez tremper en demi
ſeptier d'eau Roſe juſqu'à ce qu'il
ſoit fondu entierement, & ce fait
l'aſſemblerez avec ladite eau de
vie & mettrez le tout en une fiole

ou bouteille bien bouchée, & en prendrez unepetite cuillerée d'argent, ou une demie felon la neceffité, & plus l'Hyver que l'Eté.

Cette liqueur eft excellente pour fortifier le cœur & l'eftomach, & contre toutes foibleffes & cruditez, contre rhumes, flegmes & catharres. On la peut faire fans Diacameron.

*Baûme pour gouttes froides,
catharres, &c.*

PRenez une livre de Therebentine clarifiée,trois livres d'huile d'Olive, huit onces de Cire blanche, huit onces d'huile de laurier, une once d'huile d'Afpic, deux onces d'huile de Geniévre, deux onces d'huile de Spicanardi, une once d'huile de Petreole, une once d'huile de Mille-pertuis, quatre onces de Storax calamite en poudre, une once d'Encens &

d'Oliban en larmes , une once de Myrrhe fine les trois en poudre, huit onces de bois de Sandal rouge en poudre bien fine , deux onces d'eau de vie : Et si l'on ne trouve point d'huile de Spicanardi , il faut mettre encore au lieu , une once d'huile de Petreole , & encore une once d'huile d'Aspic , & si l'on ne trouve point d'huile de Geniévre, faut avoir au lieu quatre onces de graine de Geniévre , & la concasser & la faire cuire avec quatre onces d'huile d'Olives, & apres qu'elle est cuite couler le tout par un linge , & faut mettre l'huile qui en sortira au lieu de l'huile de Geniévre.

Compósitión du Baume.

IL faut laver la Therebenthine avec du vin blanc, & jetter le vin, & la mettre sur le feu avec l'huile d'olive, la Cire , le Storax

& la Myrrhe , & que le tout soit dans un pot neuf à feu de charbon, en remuant toûjours : Et dés qu'il aura commencé à boüillir , ôter le pot hors du feu , en méme temps mettre les autres huiles & l'Encens , & le remettre sur le feu , & quand il aura boüilly demi quart d'heure en remuant toûjours l'ôter hors du feu, & en méme temps y mettre l'eau de vie , & auffi-tôt le verser dans un autre pot neuf, de la grandeur du premier , pendant ce temps on y jette le Sandal rouge en poudre qui appaise la fureur de l'eau de vie , & pour bien faire faut être deux , à mesure que l'un verse le Baume dans l'autre pot, l'autre y met le Sandal en remuant toûjours , & apres qu'il est hors du feu , il faut le remuer une demie heure , jusqu'à ce qu'il soit demi froid. Il faut que les pots tiennent quatre pintes chacun , plus le Baume eſt vieux , meilleur il eſt.

Vertus du Baume.

1. POur les douleurs de tête procedant de froideur , il faut frotter la partie malade avec ledit Baume chaud.

2. Pour la ſurdité , il faut fondre un peu dudit Baume ſur du coton & le mettre tout chaud dans l'oreille.

3. Pour la pierre & gravelle , il en faut boire demie once avec du boüillon chaud & frotter les reins, les côtez , la verge , & le nombril avec ledit Baume bien chaud.

4. Pour les fiévres froides, en boire dans le chaud de la fiévre demi once avec du boüillon chaud.

5. Contre les membres tors & retirez , ſe les frotter dudit Baume chaud & s'envelopper d'un linge chaud.

6. Pour toutes ſortes de maux qui

procedent de froideur en quelque lieu du corps que ce foit.

7. Il chaffe toutes obftructions & endurciffemens de rate, en oignant bien chaudement les parties malades, & s'abftenant de viande pefante & de dure digeftion.

8. Pour la colique, en boire demi once avec du boüillon chaud, & en frotter la partie malade avec une ferviette bien chaude.

9. Pour les catharres, s'en frotter bien chaud, la partie qui en eft affligée.

10. Pour la difficulté d'urine & pour ceux qui ont du mal en la veffie, s'en frotter les côtez & le nombril bien chaud, il refoudra toutes les ventofitez & ouvrira le conduit & paffage de la veffie.

11. Pour la paralyfie, il s'en faut frotter dix ou douze jours, foir & matin bien chaudement.

12. Pour toutes fortes de meurtrif-

fures, navrures, coupures, & coups
orbes, s'en frotter bien chaud &
envelopper le mal.

13. Pour brûlure de feu, d'eau &
de fer, en appliquant fur le mal
du papier imbu & trempé dudit
Baume chaud.

14. Pour gouttes froides, fe frotter
dudit Baume chaud.

15. Contre toutes fortes de douleurs froides, s'en frotter demi
quart d'heure avec une ferviette
bien chaude.

16. Enfin ce Baume eft d'une nature fi chaude & penetrative, &
partant evacuative & aperitive,
qu'il eft bon contre toutes douleurs
causées de froideur, car il confume
les mauvaifes humeurs, chaffe les
enflures, amollir toutes duretez,
en obfervant de s'en fervir comme
il eft dit cy-deffus, pourveu que
les os ne foient point rompus.

*contre la folie par accident de maladie
ou autre.*

IL faut prendre un pot neuf qui
tienne quatre pintes. L'emplir
de Lierre traînant & non rampant,
& verser dessus trois pintes de vin
blanc du plus fort & corrosif: &
apres qu'il a trempé quelque espace de temps, presser bien le tout,
& du jus frotter les temples & le
front du malade, de douze heures
en douze heures. Il faut aussi prendre le marc, en faire six pelotes &
y mettre six onces d'huile, & faire
cuire le tout sur de la cendre chaude, & l'appliquer entre deux linges assez chaud sur le front, le
meilleur sera si l'on peut dormir.
Le remede est approuvé & éprouvé.

Pour guérir de la pierre & de la gravelle.

IL faut prendre deux onces d'E.
crevices reduites en poudre,
& deux onces d'Aristoloche ronde
pareillement pulverisée : lesquelles
quatre onces vous mettrez ensem.
ble boüillir dans un petit linge
avec les herbes suivantes ; sçavoir
une poignée de Brunette & une de
pervanche , le tout étant mis dans
deux pintes de bon vin blanc que
vous ferez boüillir à petit feu l'es.
pace de deux heures , & par apres
vous passerez le tout par un linge,
& mettrez ladite infusion en un
pot que vous couvrirez bien.

Le malade en prendra un verre à
jeun le matin , & autant le soir,
& méme à tous les repas s'il veut,
jusques à entiere guérison.

Ce remede brise & pulverise la
pierre , en sorte que l'on peut faci.

lement la vuider par les urines , il
détache les flegmes qui la compo-
fent, & empéche les carnofitez que
ees flegmes pourroient caufer, ouvre les conduits & fait uriner.

Il eft auffi excellent pour les
playes externes inveterées , en y
diftillant de ladite compofition
deux ou trois gouttes, & aprés les
couvrir d'une feüille de choux
rouge. Il eft pareillement bon pour
les playes internes causées par le
froiffement de la pierre ou de la
gravelle , fi on en boit comme cy-
deffus.

Notez que les écrevices doivent
étre péchées au mois d'Août, fous
le figne de l'Ecrevice : parce qu'elles ont plus de force , & doivent
étre mifes en un pot neuf bien bouché & deffeichées dans le four juf-
qu'à ce qu'elles fe|puiffent pulve-
rifer.

Autre pour la pierre.

IL faut prendre une livre de Couperofe , autant d'Alun de roche , demie livre de Minium, quatre onces de Bole Armenien, une poignée de fel commun , & ayant tout broyé , le mettre dans une bonne terrine ou chaudron fur le feu avec deux pintes d'urine mâle , & le remuer toûjours jufqu'à ce que l'urine foit confumée. Ce qui demeurera au fond du chaudron étant refroidi , fera en confiftance de pierre , dont il faut prendre une once & la mettre dans une chopine d'eau chaude pour la diffoudre , & aprés tremper un linge dans cette eau & en étuver le mal, puis appliquer ledit linge deffus, & l'étuverez deux fois le jour.

Cette recepte eft bonne auffi pour guérir toutes fortes d'inflammations, brûlures , vieux ulceres, teignes,

teignes, galles, erefipelles, cancer.
Elle eft méme fouveraine contre la
cangraine.

Pour la retention d'urine.

PRenez des feüilles de merle
appellée virga aurea, verge
d'or, faites les fecher jufqu'à ce
qu'elles fe réduifent en poudre
fubtile, faites cuire un œuf frais
mollet, mettez-y dedans le poids
d'un écu de cette poudre : que le
malade avale le tout, reiterez jufques à trois fois, le remede eft fouverain.

Autre.

DAns deux onces de jus de
Citron, il faut y mêler deux
onces de vin blanc, autant d'huile
d'amandes douces tirée fans feu :
on battra le tout dans deux Verres
& on le fera prendre au malade.

S

Pour la Colique Nefretique, de quel-
que cause que ce soit, flegmes, sable,
calcul ou autre mal.

IL faut prendre le poids de trois
ou quatre écus de bois Nefretique, qu'on vend chez les Drogui-
stes, le découper le plus menu &
délié que l'on pourra, & le mettre
dans une petite bouteille de verre;
verser dessus de la meilleure eau
de vie faite de vin , tant qu'elle
surpasse ledit bois Nefretique de
trois bons doigts : on laissera cette
infusion , pendant trois ou quatre
jours, tant que l'eau de vie ait
bien attiré la vertu dudit bois , &
lors qu'on est attaqué des accidens
ordinaires à cette maladie , comme enflure extraordinaite de ventre avec douleur , mal aux reins
& aux vretaires , envie de vomir
ou autres , le malade prendra de
cette infusion deux petits doigts

dans un verre qui le foulagera beaucoup. Mais fi le mal eft trop rebelle il faut appliquer fur la region des vretaires. des fachets de parietaire boüillis en vin blanc; neanmoins fans lefdits fachets la vertu de ladite infufion fe fera connoître, par l'ejection qu'elle fera par les urines qui feront troubles & grisâtres, & quelque fois mêlées de fable, gravier ou pierre qui caufoit la douleur. On peut rcïterer ledit remede.

Pour la toux ou fluxion, qui tombe
fur le poumon.

PRenez deux onces de raifins de damas, deux onces de jujubes, deux onces de febeftes, il faut ôter les noyaux & les pepins; trois figues graffes coupées par morceaux, & mettre boüillir le tout dans un pot de terre, qui tienne deux pintes ou quatre livres faites diminuer jusques à la moitié, puis dans la décoction mettez des quatre capillaires de chacun une poignée, de la fleur de pas d'âne une bonne poignée, & faites encore boüillir le tout jusqu'à ce qu'il revienne à la moitié : passez le tout herbes & drogues dans un linge & y mettez deux onces de sucre candy, deux onces de sucre raffiné, & quatre onces de sucre commun, & le faire cuire en sirop , qui ne soit pas si cuit que celuy de confiture. Pour user du sirop il faut en prendre une cuillerée le soir en se couchant & le matin en se levant. On peut ajoûter à la décoction deux ou trois pommes de renettes couppées par cartiers en ôtant la peau & les pepins.

Autre.

PRenez quatre onces de raisins de damas, quatre onces de ju-

jubes, quatre onces de dattes, quatre onces de figues, & quatre onces de febeftes ; il faut laver lefdites
chofes en eau tiede , puis en ôter
les noyaux & les pepins , & les couper par morceaux , les mettre dans
un pot de terre neuf bien verny par
dedans, tenant trois grandes chopines , ou fix livres d'eau : emplir
ledit pot d'eauchaude,& mettre infufer fur de la cédre chaude au coin
du feu toute la nuit toutes ces drogues , & tenir le pot bien couvert;
puis le matin le remettre auprés
d'un petit feu, & y ajoûter en méme temps une poignée de fcabieufe , une poignée de pas d'âne, &
une poignée de pulmonelle : ces
herbes fe trouvent aux hales chez
les herboriftes. Lefdites herbes feront coupées & lavées en eau tiede,
avant que de les mettre dans le pot
que l'on fera boüillir tout doucement jufqu'à ce qu'il foit quafi à

moitié, puis y jetter dedans une once de bonne reglisse, & retirer le pot du feu, au même instant qu'on y aura brouillé la reglisse, le bien couvrir, le mettre sous la table & l'y laisser une grande heure ; puis passer ladite infusion dans un linge fort, & le bien épraindre pour en tirer tout le suc : vous y ajoûterez quatre onces de tablette de Diairis & autant de Diatragan avec une livre de sucre royal, puis vous ferez cuire ledit sirop ou dans le meme pot, ou dans un poëlon d'Argent, en sorte qu'il devienne comme le sirop de cerises qu'on fait pour boire.

Il en faut user deux heures aprés le repas & être une grande heure aprés sans manger, on en use soir & matin pour l'ordinaire, on le fait un peu dégourdir sur de la cendre chaude. S'il est trop épais en le versant de la bouteille où il aura été mis, òn y met une cuillerée ou deux de tifane.

Autre.

PRenez febeftes, jujubes, figues de marfeille ou figues
graffes, raifins de damas, dattes,
de chacun un quarteron, ôter les
noyaux, & couper tout le fruit par
petits morceaux, en faire une décoction dans un pot de terre verny
qui tienne quatre livres d'eau, ou
cinq demions, faire bouillir jufqu'à
diminution de la moitié de l'eau,
avec grand feu de charbon, pour
éviter la fumée, tout paffer par
une toile neuve, clarifier la décoction dans un autre pot avec deux
blancs d'œufs bien battus, & agi-
tez enfemble ; on ajoûtera demie
livre de fucre fin demie livre de fucre rofat, quatre tablettes de
Diairis quatre de Diatragant ; faire le tout bouillir enfemble quatre

ou cinq bouillons , puis le couler
par une serviette blanche dans un
pot net , où il sera cuit à perfection
& étant froidi & tiede , on le mettra dans des bouteilles de verre
bien bouchées.

Il faut en user le soir , deux heures apres avoir mangé , & le matin
deux heures avant manger : quand
on le prend par précaution , il faut
en user aux pleines Lunes. La doze
est de deux cuillerées d'argent.

Sirop de Chou pour la poitrine & le poumon.

IL faut prendre les choux rouges , les piler avec les feuilles &
leurs côtes , & puis les mettre dans
une serviette pour en tirer le jus , le
peser & y mettre autant pesant de
miel commun qui soit fort bon &
le faire bouillir tout ensemble , &
écumer toûjours , & quand il n'é-
cumera plus il sera fait , il n'en
faut

faut prédre qu'une cuillerée à jeun.

Baume merveilleux appellé Baume de
chien , dont l'Autheur faisoit des
cures si admirab es que les Medecins
de son pais le mirent en justice com-
me étant Sorcier.

PRenez un chien bien gras &
d'une mediocre grandeur,
donnez-luy un grand coup de mar-
teau à la tête , & aussi-tôt aprés
vous le jetterez tout entier dans
un grand chaudron remply d'eau
boüillante, où vous aurez mis des
Orties, du Sureau & des Mauves,
autant de l'un que de l'autre , &
tant que vous jugerez à propos selon la quantité d'eau, & la grandeur du chien. Faites boüillir
continuellement l'eau, jusques à
ce que le chien soit cuit , en remettant toûjours de l'eau à mesure
qu'elle s'évaporera, afin qu'il y en
ait assez pour bien cuire le chien:

T

puis étant cuit ajoûtez cinq pintes de bon vin blanc ou clairet , cinq ou six livres de vers de terre , faites cuire le tout encore une heure, retirez la liqueur du feu , passez-la toute chaude par un linge fort , & pressez la chair du chien , & les herbes dans un pressoir d'Apoticaire : puis remettez toute la liqueur qui a passé par le linge & par le pressoir , dans le même chaudron sur le feu , & dans icelle liqueur vous mettrez une livre de cire neuve , trois livres de graisse de bœuf, trois livres de graisse de pourceau mâle , trois livres d'huile d'Olive, une livre d'huile Rosar, une livre d'huile de Millepertuis, une livre d'huile de Camomille, une livre d'huile de Scorpion , si vous en pouvez trouver. Faites reboüillir le tout à petit feu tant que la cire & les graisses soient bien fonduës, puis retirez le chau-

dron du. feu, & laiſſez-le repoſer
juſques au lendemain, & avec une
cuillier percée, vous ramaſſerez
le Baume qui ſera congelé ſur l'eau,
lequel vous priverez de toute humidité aqueuſe, en laiſſant bien
égouter l'eau par les trous de la
cuillier percée. Jettez l'eau car
elle ne ſert de rien, & gardez le
Baume.

Vertus du Baume de chien.

IL guérit les playes recentes en
vingt quatre heures : & voicy
comme il s'en faut ſervir. Dans les
coupures ou playes qui ſe peuvent
joindre, il faut mettre le Baume
au dedans deſdites playes ſans tente, puis joindre bien la playe avec
une compreſſe, & en vingt quatre
heures elle ſera guérie.

Dans les playes rondes ou quar-
rées qui ne ſe peuvent pas joindre,
il faut mettre le Baume au dedans

T ij

avec quelque inftrument propre à cela , puis appliquer au dehors un emplâtre du même Baume: mais dans la playe il ne faut jamais mettre de tente , car le Baume fe diffipe à mefure que la playe fe fer- me , & la chair renaît en fa place.

Le même Baume eft excellent pour contufion , fraction recente, brûlure , paralyfie , goutte froide, nerfs retirez , membres fecs faute d'aliment , en s'en frottant foir & matin jufques à guérifon.

Il eft bon pour la colique s'en frottant le ventre & en mettant deux onces de ce Baume dans les lavemens.

Il eft bon auffi pour la matrice, mois des femmes. Pour le mal de dents , il s'en faut frotter les tem- ples.

Remarquez que pour avoir ai- fément des vers de terre , dont il eft parlé dans la compofition de

ce Baume, vous n'avez qu'à prendre des feüilles de noyer , ou de
chanvre , les faire boüillir dans
de l'eau , & jetter enfuite ladite eau
fur une terre la plus graſſe que vous
pourrez trouver,comme étant plus
feconde & plus pleine de ces vers;
tous ceux qui ſe rencontreront en
ladite terre, viendront en la place
où vous aurez jetté ladite eau.

Preparer la graine de Geniévre.

IL faut la cueillir entre les Nôtre-
Dame d'Août, & de Septembre,
car en ce temps elle eſt meure, &
à toute ſa force ; il faut choiſir la
plus noire ; on la fera tremper pendant deux ou trois jours , dans du
vin clairet du meilleur , ou dans
de l'eau de vie , qui ſurnage la graine d'un doigt. Quand la graine ſera
bien imbuë du vin , ou de l'eau
de vie , on la fera ſecher doucement au Soleil , ou auprés le feu

entre deux linges blancs , & on la
gardera dans une boëte bien fer-
mée : on en prendra foir & matin
quatre ou cinq grains qu'on avalera fans mâcher.

Pour faire effence de graine de Genié-
vre , tres-fouveraine aux débilitez
d'eftomach , courte halaine , & plu-
fieurs autres infirmitez.

PRenez graine de Geniévre
bien meure , & la concaffez
dans un preffoir ou mortier, puis
la mettez dans un vaiffeau capable
de la contenir avec l'eau de laquelle on la remplira , en forte que ladite graine trempe toute , & la
laiffez l'efpace de trois , ou quatre
jours boüillir ; ce qu'elle fera comme du moût, & jettera de l'écume. Aprés paffez le tout par un
linge & prenez l'eau qui en fortira,
& faites tout boüillir dans un chaudron quelle s'incorpore & devien-

ne comme miel clair , dequoy il
faut prendre le foir & le matin avec
une cuillier hors les grandes chaleurs.

Pour la Goute.

Prenez de la graine d'iebles
mettez-la dans une bouteille
de verre , enfoncez le vaiffeau dans
une étable à brebis dans le fumier,
& l'y laiffez quarante jours fans
toucher au vaiffeau, retirez la bouteille aprés les quarante jours, &
vous trouverez une huile qui fe fera faite de cette graine , qui guérit
les gouttes , fi on en frotte la partie
douloureufe.

Autre.

Il faut faire arracher la veffie
d'un cochon mâle auffi tôt qu'il
fera tué , & la prendre la plus pleine que faire fe pourra d'urine , puis
prendre deux livres de panne ou

graiſſe du méme cochon, que vous
ferez fondre, en ſorte que tout le
creton en ſoit dehors, & qu'il n'y
ait que la graiſſe : étant encore
toute boüillante, vous y verſerez
& vuiderez toute l'urine que vous
aurez conſervée dans vôtre veſſie,
& luy ferez refaire quatre bouillons enſemble, & puis la retirerez
de deſſus le feü & y verſerez pour
quatre ſols d'huile de lys blancs,
vous ferez encore bouillir le tout
un moment, puis vous y verſerez
pour deux ſols d'huile de Camomille que vous ferez encore bouillir un peu de temps. Et enſuite
ajoûterez autant d'huile d'olive,
remuant le tout enſemble & le laiſſerez un peu refroidir, & lors qu'il
ſera tiede & non encore figé, vous
l'entonnerez dans vôtre veſſie, que
vous aurez cependant fait battre
& ſouffler, vous pendrez ladite
veſſie à quelque plancher, pour

s'en fervir au befoin , en faifant un petit trou au côté de ladite veffie, pour en tirer feulement à mefure qu'on s'en voudra fervir. Le plus vieux fait eft le meilleur pour s'en fervir.

L'on obfervera fi tôt que le Gouteux fentira la moindre dou-leur au pied, ou à la main . qu'il faut en prendre gros comme une petite féve , le faire fondre fur une affiette , & aprés avoir bien frotté la partie malade , l'on tiendra le plus chaudement que l'on pourra fouffrir , & reïtererez le foir & le matin , jufques à ce que la douleur foit cefsée. Ledit Onguent n'eft pas feulement propre pour chaffer foudainement la douleur , mais il fortifie la partie debilitée.

Pour guérir la Goute Sciatique causée par des eaux qui s'engendrent entre cuir & chair, & se coulant sur les nerfs causent de grandes douleurs.

PRenez de la goute de bœuf qui se trouve chez les bouchers, demi septier d'eau de vie, quarteron de beure frais, mêlez bien ces trois choses ensemble, faites-les chauffer, & les appliquez sur le mal le plus chaud que l'on pourra souffrir. Si le mal vient de l'épine du dos, il la faut frotter d'eau de vie, & aprés la graisser de cette drogue le plus chaud que l'on pourra. Ce remede est souverain.

Autre.

PRenez aprés les vendanges, des limaçons rouges qui se trouvent dans les vignes ou aux

environs : Mettez-les tout vifs
dans un linge avec autant de fel
que de limaçons, remuez bien ledit
linge par les quatre coins, au deffus d'un vaiffeau, pour recevoir la
liqueur qui en coulera, laquelle
vous mettrez dans les fioles & en
ferez tirer une cuillerée, ou deux
dont vous frotterez le lieu où eft
la douleur, le matin en vous levant
& le foir en vous couchant.

Pour le flux de Sang.

FAut prendre une bonne poignée de racines de Chardons
Roulant de leur longueur, en ôter
les feüilles, laver lefdites racines
jufques à ce que la terre en foit
hors. Puis il les faut mettre par
morceaux dans un pot de terre
avec une pinte de vin clairet vermeil, faites boüillir le tout enfemble jufques à ce que le vin foit reduit environ à demi feptier ou

moins. Le tout étant ainsi consumé
à petit feu, faut passer le vin dans
une serviette, & presser les racines
dans ladite serviette pour en tirer
le suc : Ledit vin & suc étant passez, on le met dans une fiole, ou
petit pot : Puis il en faut mettre
trois ou quatre bonnes cuillerées
d'argent dans une saussiere sur un
peu de feu, & étant chaud , que
l'on y puisse tenir la main, il en faut
frotter le malade avec la main,
la Nuque du col , le long de l'épine du dos , jusques au fondement.
Ce fait on met une serviette ou
linge chaud médiocrement sur
l'épine du dos , & on retourne le
malade pour luy frotter aussi le
ventre, depuis le nombril jusques
entre les aînes : Puis on luy met
aussi un linge chaud sur le ventre.
On peut reïterer trois fois le jour,
au matin, à midy & au soir, & suffit d'en frotter quatre ou cinq fois

pour le plus. Quand on aura frotté
le malade comme deſſus deux ou
trois fois , on verra qu'au lieu de
ſang , ſa matiere ſera jaune comme
cire & moitié liée : Et au lieu de
douze ou quinze fois plus ou moins
que le malade alloit au baſſin de
jour ou de nuit , il n'ira que trois ou
quatre jours à rendre ſa matiere
jaune , Puis il ſe remet en ſon naturel & ſa matiere liée comme s'il
n'avoit point été malade. S'il a la
fiévre, elle le quitte , & l'appetit
luy revient bon , avec une grande
demangeaiſon par tout le corps,
qui luy dure deux ou trois jours,
qui eſt le ſigne de ſa ſanté. Pluſieurs
perſonnes ont été guéries du flux
de Sang par ce remede.

Dyſſenterie.

IL faut prendre un quarteron
d'Amendes douces , les peler
dans l'eau chaude , & aprés piler

dans un Mortier, y mêlant environ chopine d'eau pour en faire un
laict ; & aprés avoir bien paſſé le
marc, faire bouillir ledit laict, y
ayant mêlé un jaune d'œuf, avec
la groſſeur d'une noix de Sucre,
& deux ou trois grains de ſel, le
tout étant reduit à la moitié, le faire prendre tout chaud au Malade
le ſoir en ſe couchant.

Le lendemain matin il faut luy
faire prendre un Breuvage, de deux
fois plein une cuillier d'argent
d'huile d'Olive, autant d'eau Roſe, autant de bon Vin, & moitié
autant de Sucre, le tout mêlé enſemble dans un verre, & environ
demie heure aprés un bouillon.

Pour la deſcente de Boyau.

PRenez de l'herbe au Chat,
une poignée ôtez les bâtons
& mettez les feüilles dans un mortier, avec gros comme une noix

de beure frais , pilez le tout enfemble jufques à ce qu'il foit en Onguent , puis trois jours avant la pleine Lune , & trois jours avant la
nouvelle , vous en mettrez fur le
nombril de l'enfant , aprés luy
avoir un peu remonté le bas ventre
& banderez ledit enfant avec une
bande. Il faut tous les trois jours en
mettre de nouveau , le foir eft le
mieux , & il faut qu'il fe tienne en
repos.

Pour arrêter une perte de Sang.

PRenez Bourrache pilez la
tres-bien, puis prenez Cryftal
en poudre , & le femez fur la Bourrache ; vous l'appliquerez fur la
croix du dos. Si la perte de Sang
fe fait par le nez , vous l'appliquerez entre les deux fourcils.

Pour aider à une femme qui n'est pas
bien délivrée, lors qu'il reste quel-
que chose des secondines.

PRenez Sucre & Safran, de
chacun une quantité égale,
mettés en plein un dez à coudre
dans un verre de vin blanc & l'ava-
lés à cœur jeun. On en peut donner
trois ou quatre fois, selon que l'on
verra qu'il operera.

Pour la Colique venteuse.

PRenés le poids d'un écu d'or
de gland de chêne rapé, dans
un verre de vin blanc & le beuvés.

Pour la jaunisse.

PRenés de la grande Eclaire,
la broyés dans les mains, &
la mettés sous la plante du pied
contre la chair.

Pour

pour ceux qui par cheute ou efforts vio-
l nt fons meurtris dans le corps.

PRenés du perfil , pilés-le , & le
prefsés pour en exprimer le jus
dans un verre , faites en boire environ trois doigts ; au défaut du
perfil ou peut faire avaler un verre
d'eau fraîche , auffi-tôt que la chu-
te ou l'effort eft arrivé.

Pour les cheutes & contufions à la tête
où il n'y a point d'ouverture.

PRenés du gros vin Rouge , &
de la mie de pain bien en miette,
faites les cuire fur le feu l'un avec
l'autre , jufqu'à ce que le tout foit
en Onguent , il faut remuer toûjours,& quand il fera cuit arroufer
le tout d'un peu d'huile d'Olive
enfuite appliqués cela entre deux
linges fins le plus chaud qu'on
pourra le fouffrir , fur l'endroit où
eft le coup , il faut en mettre par

toute la tête, il faut changer quand
il fera froid , & continuer trois ou
quatre jours.

Contre l'Hydropisie.

PRenés de la seconde écorce
d'Orme, qui se trouve chés les
charrons , mettés-la par petits
morceaux, comme la reglisse qu'on
met dans de la tisanne, faites bouillir cette écorce avec de l'eau , &
que le malade en use pour sa bois-
son.

Pour Bubons & Dertres.

PRenés un grand verre d'esprit
de vin deux cuillerées de souffre
vif en poudre , trois cuillerées de
vinaigre blanc , une cuillerée de
sel blanc , mettés le tout dans une
bouteille de verre, vous remuërés
bien le soir avant que de vous en
servir , puis en verser dans une tas-
se de verre , ou de fayence , dont

vous prendrés avec le bout du doit
& frotterés le mal.

Pour la Pleuresie.

PRenés le poids d'un écu d'or de
graine de Creſſon, pilés-la dans
un mortier de marbre mettés-la infuſer dans un verre de vin blanc,
pendant deux heures donnés-le au
malade le matin à cœur jeun, ou
le ſoir deux ou trois heures aprés
qu'il aura pris quelque choſe, le
meilleur eſt le ſoir.

Onguent admirable pour les yeux.

PRenez ſain de porc mâle, laiſſez-
le tremper quatre jours dans de
l'eau de fontaine le changeant
d'eau ſoir & matin, aprés quoy
vous le ferez fondre dans de l'eau
& le laiſſerez refroidir, puis vous
prendrez trois onces dudit ſain de
porc & le mettez tremper dans de
l'eau de roſes rouges ou blanches

durant une demie journée , puis
vous prendrez trois demi septiers
de bon vin blanc,que vous mettrez
dans un bassin & éteindre , dedans
un morceau de lapis. Calaminaire
gros comme un œuf de poule d'In-
de , & aprés que le vin sera froid
il faut laver la graisse ou sain de
porc dans le vin douze fois , c'est
pourquoy vous mettrez ledit vin
en douze pots , & laverez ladite
graisse dans chaque part, la mou-
vant & batant beaucoup avec une
cuillier d'argent toutes les fois
que vous le laverez. Aprés cela
prenez une once de tutie préparée,
d'hematite en poudre deux scrupules , d'aloës douze grains , de perles quatre grains , mettez toutes
les poudres avec la graisse les mêlant tres-bien , puis quand cela est
fait , mettez l'onguent dans un pot
& le remplissés avec de l'eau de
Roses rouges , & le gardés fraî-
chement.

Pour éteindre le lapis Calaminaire, il faut la faire rougir au féu,
puis la prendre avec des pincettes,
la mettre dans le vin, & la retirer
ou bien les plus gros morceaux, &
les faire encore rougir au feu,
éteindre enfuite dans le méme vin
& faire cela jufques à douze fois.
Puis vous verferés le vin quand il
fera froid, en forte que la pierre
demeure au fond du baffin, parta-
gés le vin en douze parts, pour y
laver la graiffe douze fois. On fe
fert de cét Onguent pour toutes
fortes de fluxions fur les yeux, il
en faut prendre tres-peu, & en
froter lors qu'on fe met au lit l'ex-
tremité de la paupiére à la racine
des cils, & cela fort doucement.

Poudre pour b'anchir les Dents.

PRenés fang de Dragon, Corail
rouge de chacun demie once,
Corne de Cerf trois gros, * Por-

celaine de mer, trois gros, Alu
trois gros, pierre de Ponce deux
gros, Bol Oriental, trois gros,
terre Sigillée, deux gros, Clou de
Girofle un scrupule. Broyés le tout
sur le marbre, & le reduisés en
poudre impalpable. Si vous le vou-
lés liquide, mettés-y de la Confection Dalchermes, mais la poudre
est meilleur.

*La Porcelaine de mer, sont petites Coquil-
les blanches grosses comme un pois.*

Emplâtre d'André de la Croix, pour toutes plyes profondes dont on se doit servir sans tente.

PRenés poix resine douze onces,
gomme elemi quatre onces,
huile de Laurier & Therebentine
de venise, de chacun trois onces,
soit fait Emplâtre selon l'art.

Emplâtre de Bailleul, pour toute forte de fractures diflocations, & grandes contufions, foulures de nerfs.

PRenés feuilles, & racines de Frêne, écorce d'Orme, racines de grande Confoulde, petite Confoulde, Rofes rouges, feuilles de Saule, mirtiles, de chacun quatre poignées : bachés-les bien menu, les pilés dans un mortier, puis le mettés en quantité fuffifante de gros vin, tant que le vin furnage un peu les herbes, & les faites enfuite bouillir jufques à diminution de plus de la moitié, puis coulés la décoction, exprimant bien fort le marc, mettés-y enfuitte huit onces de mucilage de guimauves, faites bouillir tout cela avec huiles de Rofes & de mirtiles, de chacun deux livres, jufques à diminution de la meilleure partie de l'humidité, puis y ajoûtés Litarge d'or &

d'argent de chacun une livre, &
fur la fin de la cuiffon des Litarges,
ajoûter fuif de bouc deux livres,
Therebentine claire demie livre,
Cire jaune deux livres, en remuant
toûjours la baffine jufques à ce que
l'emplâtre foit cuit, puis le tirés
de deffus le feu, & lors qu'il fera
à demi froid, ajoûtés-y Mirrhe
Encens bol d'Armenie, Terre figil-
lée de chacun demie livre, Maftic
deux onces, poudre de Rofes, de
mirtiles, de fang Dragon, de chacun quatre onces.

Baume excellent pour toutes fortes de
bleffures, tiré du cabinet de Mon-
fieur le Cardinal de Richelieu.

PRenés le poids de quatre écus
de Balaufte de levant, le poids
de deux écus d'écorce de grenade
feche, le poids d'un écu & demi de
Storax, deux noyaux de cypres, le
poids d'un écu & un quart d'orcanette,

nette , avec une poignée de fel.
Mettez le tout par petits morceaux
dans un pot neuf bien vernisé , &
une pinte de gros vin rouge du
plus fort & autant d'huile d'olive:
faites boüillir le tout à petit feu
de charbon , tant qu'il foit reduit
à la moitié ou environ. Pour connoître fi le Baûme eft fait , il en
faut verfer une goutte fur un charbon , s'il flambe fans crier , il fera
fait ; s'il crie il le faut encore faire
boüillir & le remuer avec une fpatule de bois , de peur qu'il ne s'attache au fonds du pot : étant fait il
faut l'ôter du feu , & le laiffer un
demi quart d'heure dans le pot
tout couvert , puis vous le pafferez
dans un linge , & le mettrez dans
des fioles de verre , il fe garde dix
ans.

Il eft bon aux détorces de nerfs,
& bleffures des jointures , en les
frottant dudit Baûme chaud , &

X

les envelopant d'étoupes par deffus : aux playes qui traverfent, l'on
en feringue dedans, & on les couvre d'une feüille de chou, & d'une
compreffe trempée dudit Baûme
par deffus.

Pour le mal Cáduc.

PRenez de l'arrierre-faix d'une
femme, lavez-le pilez-le, &
en faites du pain, avec de la farine
de feigle & le faites cuire au four.
Vous en ferez manger au malade,
le poids d'un écu, le foir, & le matin, tous les premiers jours du premier quartier de la Lune Vous
pilerez auffi du Petum, dont vous
ferez un bandeau au malade, les
mémes jours, & vous en change-
rez deux fois le jour.

Tizane de Monsieur Gendron , pour rafraichir les intemperies de foye.

PRenez racines de Chicorée sauvage, de pissenlis, d'ozeille , de fraisier , d'aigremoine, de chacun une petite poignée ; racines , d'Asperges , & scorsonnaire demie poignée de chacune : hachez le tout , & le faites boüillir dans dix pintes d'eau , avec un nouët de limaille d'acier, qui sera suspendu, en sorte qu'il ne touche pas le fonds du vaisseau. Lorsque le tout aura boüilli une demie heure, vous y ajoûterez une poignée de laituës, autant de pourpier, de bourrache, de buglose, un peu de Capillaires , & dans la saison un demi concombre, quelques pommes de renettes coupées par tranches, & sur la fin un peu de reglisse. Lorsque le tout aura bouilli une bonne heure vous le passerez & en ferez prendre un bon verre le matin en se levant, & le soir en s'allant coucher.

Tizane pour la Santé, bonne à prendre
pour toute personne, soit en maladie
pour recevoir guérison, ou en santé
pour s'y maintenir & conserver;
même aux petits enfans, & sur tout
tres-bonne aux Vieillarts.

FAut prendre une demie mesure d'Avoine de la meilleure, bien nette & lavée, & pour un sol de racine de Chicorée Sauvage nouvelle arrachée, faisant une petite poignée, & mettez boüillir ensemble dans six pintes d'eau de Riviere pendant trois quarts d'heure à moyen boüillon, puis y ajoûter une demie once de Cristal Mineral, revenant à quinze deniers, & trois où quatre petites cuillerées de Miel à manger choisi, faisant environ le poids d'un quarteron & remettre encore boüillir le tout

enſemble pendant une demie heure ; Et aprés paſſer le tout dans un
linge, & mettre l'eau qui en ſortira dans une cruche , & la laiſſer
refroidir.

De laquelle eau ou Tiſane, ſera
pris le matin à jeun deux bons verres (demeurant quelque heure de
temps ſans manger) & ſur l'aprés
midy, trois ou quatre heures aprés
ſon dîner encore deux autres verres, & continuer ainſi pendant
l'eſpace de quinze jours , & ſans
beſoin de garder le lit , ny la chambre, ſans beſoin de ſaignée, bouillons œufs frais , ny autre delicateſ-
ſe, ains vacquer à ſes affaires ordinaires, & vivre comme ſi on n'a-
voit du tout rien pris.

Baûme verd vulneraire nouvellement mis en pratique.

Mettez dans une poële de
cuivre, ſur un feu moderé

quatre onces d'huile d'olive , &
autant d'huile de lin ; laiffez.les
digerer pendant demie heure , met.
tez enfuite peu-à-peu , deux dragmes d'aloës fuccotrin bien pulve.
risé , & agités les matieres avec
une fpatule de bois pendant demie
heure , puis versés quatre onces de
Therebentine de Venife & continués d'agiter ; demie heure aprés,
mettés deux onces d'huile de laurier avec une once d'huile de fe-
mence de raffes où raves ; & quelque peu de temps enfuite , versés-y
quatre onces d'effence de genié.
vre , avec trois dragmes de vitriol
Romain bien pulverisé , que vous
ferés tomber peu-à-peu en frap-
pant du doigt fur les cornets de
papier , dans lequel eft le vitriol
aprés en avoir coupé la pointe
avec des cifeaux ; continués d'agiter un bon quart d'heure , & mêlés enfuite deux dragmes d'effence

de girofles, avec autant de vert de
gris pulverisé ; tirés incontinent
aprés vôtre poële du feu , & continués d'agiter les matieres un bon
quart d'heure , aprés quoy vous
coulerés la compofition dans un
linge blanc, & la conferverés dans
un vafe de verre bien bouché.

Vertus & ufages.

LEs effets de ce Baume font fi
furprenants, que ceux qui s'en
font fervis dans la cure des playes
extraordinaires & defefperées ,
l'ont tenu caché autant qu'ils ont
pû, comme un des plus rares fe-
crets, & des plus excellens remedes , dont la Chirurgie fe puiffe fervir. Mais étant venu à la connoif-
fance de quelque perfonne zelée
pour le bien public, on n'a pas crû
le devoir tenir plus long-temps fe-
cret Il guérit en tres-peu de temps,
& comme par miracle toutes fortes

de playes faites par le fer , où par armes à feu ; & en empéchant tous les fymptomes qui ont coûtume d'accompagner ces maladies , il mondifie , incarne & conduit à ci-catrice prefque tout en méme-temps : il refifte aux venins , & gué-rit toutes fortes de morfures de bê-tes veneneufes , de forte qu'on peut dire que fa vertu eft univerfelle, fi l'on en ufe comme il fuit.

Il faut premierement bien laver la playe avec du vin blanc tiéde, & y mettre enfuite du charpy bien imbibé dudit Baume , & par deffus un emplâtre d'un onguent dont la compofition fuit. Que fi la playe eft profonde & finueufe, où qu'il y foit refté quelque balle , ou autre corps étranger , il en faut infinuer jufques au fond de ladite playe avec une petite fyringue , & tout ce qu'il y aura d'heterogene fortira en tres-peu de temps, & le refte de la cure s'achevera enfuite.

Emplâire Stiptique fervant au fufdit Baûme.

MEttés diffoudre dans du vinaigre diftillé de chacun une once, d'opponax , de Galbanum , & d'oliban , avec deux onces de Bdellium & autant de gomme ammoniac ; puis faites digerer, & cuire le tout à petit feu dans une poële de cuivre jufques à la confomption prefque entiere de fon aquofité. Mettés dans une autre poële fur un feu nud & moderé, une livre d'huile d'olive avec autant de celle de lin , lefquelles, aprés quelque peu de temps de digeftion , vous nourrirés d'une demie livre de litarge d'or , & autant de celle d'argent, battuë en poudre , en agitant le tout continuellement avec une fpatule de bois, pendant une bonne demie heure;

mettés ensuite une once de thutie
d'Alexandrie pulverisée, & autant
de myrrhe l'une aprés l'autre,
quelque peu de temps aprés mettés une livre de cire jaune, que
vou, lierés avec les autres matieres
par une agitation continuelle,
aprés quoy tirés vôtre poële du
feu, & l'ayant posée fur du bois,
laifsés un peu ralentir fa chaleur,
puis y versés vos gommes peu à
peu, en agitant le tout fortement,
jufques à ce qu'il foit parfaitement
lié, puis l'ayant remis fur un petit
feu, versés deux dragmes d'huile
de laurier, autant de celles de geniévre & giroffes, & continuez
l'agitation jufques à parfaite coction, qui fe connoîtra, fi, lorsqu'ayant versé quelques gouttes
de l'onguent dans un peu d'eau
froide, elles prennent une confiftance de cire molle.

Febrifuge.

METtés diſſoudre à chaud dans deux vaiſſeaux differens , remplis chacun d'une chopine d'eau de fontaine , une once de ſel de tartre & autant de ſel ammoniac. Filtrez vos liqueurs à part , & les conſervés dans des vaiſſeaux bien bouchés.

Vertus & uſages.

CE remede eſt preſque infaillible contre les fiévres tierces & quartes ; ſi l'on en fait prendre aux malades à jeun , & quelque temps avant le friſſon, de chacune liqueur deux dragmes dans un boüillon clair & dégraiſſé : & qu'on les couvre bien enſuite.

Il eſt auſſi tres-ſouverain contre les petites verolles , ſi l'on en uſe comme deſſus , dans les premiers ſymptomes de la maladie, en pouſ-

sant au dehors par les sueurs toute
la cause du mal.

Emetique tres-excellent.

Mettés dans un vaisseau de
rencontre, ou matras, une
pinte de bon vin d'Espagne, avec
trois dragmes d'antimoine préparé
en verre & bien pulverisé, une
dragme de cloux de girofles, &
autant de canelle sans être battuë;
bouchez bien vôtre matras, & le
mettés au feu de sable moderé pendant deux heures ; puis cessez le
feu, & laissez digerer les matieres
à la seule chaleur du sable, tant
qu'il sera chaud : coulés ensuite la
liqueur dans un linge blanc, & la
gardés au besoin dans un vase de
verre bien bouché.

Vertus & usages.

Cette liqueur est un excellent
remede contre l'apoplexie,

& toutes les maladies causées par
la trop grande replétion & abon-
dance d'humeurs ; mais principalement lors que l'eftomach, ou les
inteftins font remplis d'impuretés,
ce qui eft l'origine de la plûpart
des maux, dont le corps humain
eft attaqué.

Il en faut donner aux apoplecti-
ques, trois ou quatre cuillerées
dans le Paroxifme, & autant aux
autres malades à jeun, & les bien
couvrir enfuite.

Ce remede eft auffi tres-fouverain contre les fiévres intermitten-
tes, mais fpecialement contre les
quartes, fi l'on en ufe comme il
fuit.

Faites-en prendre aux malades
environ une heure avant le friffon,
quatre cuillerées ordinaires aux
forts, trois aux foibles, & deux aux
enfans ; on aura foin de les bien
couvrir pendant le froid de la fié-

vre , & de les frotter de linges
chauds pendant les sueurs de l'accés.

Que si le vomissement , ou be-
nefice de ventre leur prenoit quelque temps aprés avoir pris le remede , c'est un bon signe ; & la fiévre
cessera , ou les accés seront beaucoup diminués dans la suite ; mais
s'ils n'avoient que de simples nau-
sées , il faudra leur faire prendre un
petit boüillon gras , ou un demy
verre de bierre tiede , pour leur fa-
ciliter le vomissement.

Notez qu'il faut que les malades
ayent été quatre ou cinq heures
sans rien prendre , lors qu'on leur
donnera le remede ; & que s'ils ont
assez de force , il seroit bon de les
faire promener aprés l'avoir pris,
jusques à ce que les sueurs commencent à leur prendre , alors il les
faut mettre au lit , & les bien essuyer de linges chauds de temps à
autre.

Que si le remede n'a pas son entier effet dés la premiere fois, il
en faut continuer la pratique deux
ou trois fois, & laisser ensuite faire
le reste à la nature.

Eau Ophtalmique non encore écrite.

VErsez dans un grand matras
à long col une chopine de
bon vin rouge, une chopine d'eau
rose, deux onces de chacune des
eaux de chelidoine, de fenoüil, &
d'euphraise, trente grains de cloux
de girofles, & autant de fleurs de
romarin ; demie once de sucre candy, de conserve de roses, une pin-
cées de roses de provins, trois dragmes d'aloës soccotrin en poudre,
deux dragmes de tutie préparée,
& pulverisée, deux dragmes de
camphre & trois dragmes de vitriol
Romain Bouchez bien vôtre vaisseau, mettez le en digestion au
Bain marie pendant cinq ou six

jours , & l'expofez au Soleil depuis le mois de Juin jufques au mos d'Août , aprés quoy vous coulerez la liqueur dans un linge blanc bien ferré , ou dans une chauffe bien nette, fans en rien exprimer , & la conferverez au befoin dans un va-fe de verre bien bouché.

Vertus & ufages.

CEtte liqueur ne fe peut affez eftimer , pour les avantages qu'on en tire dans les maladies de la veuë ; elle la fortifie & l'éclair-cit , en ôte l'inflammation & la de-nangeaifon , fait ceffer la douleur, guérit les ulceres, & excreffences de chair ; & pour tout dire en peu de mots, elle fatisfait à la cure de toutes les maladies , dont cette partie du corps humain eft atta-quée.

Proprietez de la graine de Talitron,
que quelques uns appellent la Science
aux Chirurgiens.
Pour les fiévres Tierce & Quarte.

POur les Fiévres Tierce ou
quarte, aux hommes ou aux
femmes quoy que groſſes , il en
faut prendre le poids de demy écu
pour les perſonnes foibles & debi-
les ou delicates , & pour les autres
plus robuſtes trois quarts , voire
juſques au poids d'un écu dans un
œuf mollet au lieu de ſel , & le faire
prendre au malade , s'il ſe peut,
deux heures devant le friſſon : &
obſerver qu'il n'ait mangé deux
heures auparavant , & qu'il ſoit
deux heures aprés ſans manger.

Remarquez , que pour uſer de
cette graine methodiquement , il
ſera bon de prendre un lavement,
& le lendemain matin ſe faire ſaigner : le ſoir enſuite du même jour

Y

prendre un autre lavement, & le lendemain se faire saigner, puis le jour suivant prendre de la graine comme dessus.

Si le malade n'est guéry il continuëra d'en prendre jusques à deux ou trois fois de deux jours l'un.

Pour les Fiévres continuës.

IL en faut prendre pareil poids de cette graine, les jours de crize à jeun, avec pareille observation pour le regime de vivre; sinon qu'il faut bien couvrir le malade, attendu qu'il ne manquera de suer, & ensuite sera soulagé.

Si ce sont personnes robustes & de travail, qui n'ont la commodité ny le temps de prendre des lavemens & saignées, ne laisseront d'en prendre comme dessus dans un œuf, dans une pomme cuite, ou la prendre seulement dans la main pareil poids, selon la force du malade.

Si c'eſt pour des enfans, il en faut prendre, ſelon leur âge, le poids de dix-huit, vingt-quatre, trente, ou trente-ſix grains.

Pour la Dyſſenterie ou flux de ſang.

IL en faut prendre pareil poids de demy écu, & juſques au poids d'un écu, ſelon la force du malade; & avec pareil regime de vivre s'il ſe peut, & ſe tenir au lit chaudement tant qu'il luy ſera poſſible.

Si le malade n'eſt ſoulagé de la premiere fois, il continuëra deux ou trois fois de deux ou trois jours l'un.

Pour la Gravelle.

IL en faut mettre tremper le poids de demy écu, & plus ſi l'on veut, dans du vin blanc du jour au lendemain: & boire l'infuſion le lendemain.

L'on en pourra prendre encore le

foir en fe couchant, fi l'on veut, &
continuer.

Pour les defcentes aux enfans.

IL en faut mettre le poids de
vingt-quatre grains dans un
poëlon de boüillie, la mêler, & en
donner à l'enfant. Il fera bon de luy
mettre un bandage avec une compreffe fur la defcente.

Pour fortifier l'eftomac.

CEtte graine fe peut mettre en
poudre pour en prendre de
deux jours l'un, un mois ou deux
durant, pour fortifier l'eftomac.

Pour étancher le fang des playes &
du nez.

PRenez de cette graine, foit en
poudre ou entiere, en mettez
fur la playe faignante, quand méme une artere feroit coupée, elle
ceffera de faigner & fermera la

playe. Si c'eſt la ſaiſon que la plante ſoit en verdeur, prenez en de la
feüille, elle a pareille vertu tant
pour étancher le ſang, que pour
guérir les playes.

Pour le ſaignement du nez, il faut
mettre de la graine dans le nez &
le tenir bouché un peu de temps
avec le poúce.

Si quelqu'un eſt ſujet à ſaigner
du nez, qu'il prenne un gros ou environ de cette graine, la mettre
dans un linge, ou taffetas, le pendre au col, il ne ſaignera plus du
tout, tant qu'il l'aura ſur luy, voire
méme quand elle ſeroit dans ſa
poche.

Si c'eſt d'autre perte de ſang, &
qu'il ſoit trouvé bon de l'arrêter,
ſoit aux femmes, ou aux hommes;
il en faut pendre à la cuiſſe, ou
proche le lieu de la perte du ſang,
& il l'arrêtera.

Pour la Colique.

PRendre une prife de cette graine comme dit eft , & tenir le malade chaudement : n'é-
tant guéry d'une prife , pourra en
prendre une autre trois ou quatre
heures aprés.

Cette graine fe diſtribue à petits fraîs
à la pointe S. Euſtache , chez Monſieur
DE VOULGES.
Le prix eſt un Pater *&* un Ave *pour*
celuy qui m'a donné.

Pour guérir la pierre ſans être taillé.

AYez cinquante ou foixante
oignons blancs , pilez en
tous les matins un ou deux , en tirez deux cuillerées de jus , vous les
mettrez dans un verre , un peu plus
que la moitié de vin blanc , & vous
le boirez à jeun : deux heures aprés
vous prendrez un bouillon à la

viande dans lequelle aura bouilli
une once de Pimpenelle pilée. Il
faut continuer quarante jours deux
fois la femaine , il faut prendre de
la cendre de mufcat blanc avec
de l'eau , ainfi qu'il s'enfuit.

On prendra deux ou trois fagots
de ferment mufcat blanc , bien
fecs , & on les mettra fur l'âtre d'u-
ne cheminée, pour les faire brûler
& reduire en cendre , le lendemain
il faut faire paffer la cendre dans
un fachet , & prendre trois onces
de cette cendre , la mettre dans
un pot de fayance , & verfer deffus un demi feptier d'eau bouillante , qu'il faudra laiffer infufer durant une heure. Vous pafferez l'eau
& les cendres enfemble , & repaf-
ferez le tout au travers d'un linge
double, afin qu'il n'y refte point
de cendre. Il en faudra boire le
matin à jeun, au lieu du jus d'oignon, & deux heures aprés un
bouillon.

Contre la Pleurefie.

IL faut prendre le blanc d'une groffe botte de porreaux , on concaffera & pilera un peu dans le mortier tout ce blanc , & en mé-me temps, on les afperfera de fois à autres d'un peu de vinaigre, aprés cela on mettra cette drogue dans une poële fur le feu, & on la fera frire , afperfant auffi de vinaigre de temps en temps. On tiendra toute prête fur une table , une fer-viette de toute fa longueur, & pliée en trois , & il y aura deffus un plu-maceau de filaffe , on mettra les porreaux fricaffez fur cette filaffe, & on les appliquera tout chauds fur le côté malade , & quand ils déborderont prefque tout au tour, il n'en fera que mieux ; on ceindra la perfonne de cette ferviette , ce patient fuëra incontinent. Il faut laiffer l'emplâtre vingt-quatre heu-res

res au tour du malade, & quand on l'ôtera il faut que ceux qui le feront ayent pris quelque chose, comme du vin ; parce que cét emplâtre sera si infecté qu'ils pourroient être attaqué du mal & n'en pas guérir.

Autre qui est aussi fort excellent pour les duretez & maux de Ra te.

DEux petites poignées de vervaine, qu'on pilera bien dans un mortier, on y mêlera ensuite une bonne pincée de farine d'orge & un blanc d'œuf, on mêle exactement le tout ensemble, & on le met sur un linge blanc, ou sur de la filasse. On l'applique sur le côté dans les pleuresies, ou sur la ratte & quand c'est pour ce mal, & cependant vingt-heures, mettant par dessus une serviette doublée, en 7. ou huit, parce que ce remede sans faire aucune ouverture, attire quantité d'eaux roussâtres, & cela

Z

ne manque point de guérir en le faifant vingt-quatre jours de fuitte. Ce remede quand il eft échauffé fur le mal, fent fort mauvais. On peut fi on veut, piler la vervaine en tirer le fuc, le mêler avec de la farine, & l'appliquer fur le côté travaillé de la pleurefie, il attire tout ce qui eft extravafé.

Contre la pefte.

AYez vingt ou trente gros crapaux, mettez-les dans un pot de terre vernisé, couvrez bien le pot de fon couvercle, lutez-le, & le liez fur le pot avec du fil de fer, & mettrez le pot fur un feu de charbon, au milieu d'une grande court ou d'un jardin. Vous le laifferez fept heures fur le feu, & aprés vous l'en retirerez, & laifferez refroidir. Vous l'ouvrirez enfuite mettant un mouchoir devant vôtre nez, de peur que la fumée ne vous donne au cerveau. Vous trouverez le pot rempli d'une poudre grife & blanche auffi, l'une & l'autre font les mémes effets. Vous en mettrez dans un petit verre de vin blanc, & le lendemain matin il le faudra faire boire à celui qui aura la pefte, trois heures aprés il aura une fueur univerfelle, qui durera deux heures. Il faudra le changer de linge dans le liɛt, & quand il ne fuera plus, il luy faudra donner un boüillon à la viande.

Contre la gravelle.

DU ferment de mufcat blanc, faites-en de la cendre, & en prenez trois onces. Il faut mettre cette cendre dans un vafe bien net, verfer deffus un demi feptier d'eau boüillante, & le couvrir pendant une heure. Il faut enfuite verfer par inclination l'eau dans un verre pour empécher que la cendre ne paffe, & aprés l'avoir bien pafsée

Z ij

& repassée au travers d'un linge fin double , il la faut boire à jeun tiede , se promener ensuitte deux heures durant , & deux heures aprés prendre un boüillon, vous pourrez mettre six onces ensemble pour deux fois , & il suffira de deux fois pour guérir le malade.

Contre la goutte.

UNe poignée de bled froment, faites-le boüillir dans un de-my septier d'eau , durant un quart d'heure. Passez ensuite pour sepa-rer le bled , mettez l'eau dans un vase , & ajoûtez-y une chopine d'urine du malade, & une bonne poignée de suye de cheminée. Vous mettrez le tout sur le feu , & le remuerez bien , aprés avoir boüilli un boüillon ou deux , vous le retirerez , & quand vous vou-drez vous en servir , il faudra le faire chauffer , & étuver plusieurs fois les endroits où vous avez la goutte, vous pouvez reïterer cela deux ou trois fois le jour.

Ou deux poignées de feuilles de Plantain , & deux poignées de feuilles de lierre rampant fur les Arbres, pilez-les enfemble , & les rendez en Onguent ; appliquez l'Onguent fur le mal. Vous le lierez avec un linge & l'y laifferez fix heures. Si la douleur ne ceffe point il faudra reïterer trois fois le jour.

Pour le relâchement du Peritoine.

DE la graine de moûtarde pilée & mêlée avec du blanc d'œuf en confiftance de miel, l'étendre fur des étouppes l'appliquer fur le mal.

Pour guérir la gratelle.

RAcine de Patience fauvage, ratiffez·la , & ôtez la corde qui eft dedans , hachez la racine fort menu, & la pilez dans un mortier de marbre le plus qu'il fe pourra , ajoûtez-y du beurre frais , &

mêlez l'un & l'autre , en forte qu'ils
fe reduifent en corps d'Onguent.
Il faut s'en frotter le foir devant le
feu , & fe coucher chaudement
pour fuer un peu , on guérira en
trois ou quatre jours.

Dyffenterie.

HUile de noix tirée fans feu
deux onces , autant d'eau
Rofe , battez-les enfemble , & les
faites prendre au malade , le matin
à jeun : deux heures aprés il prendra une pleine écuelle de lait bouilli fans fel ny fucre. *Voyez* 139. 141.
142. 154. 155. 166.

Mal aux yeux échauffez , rouges de trop lire.

L'Eau de Plantain & de fontaine
y diffoudre vingt-quatre grains
de Camphre, broyez avec fucre
candy une dragme , & avec une
demie dragme d'Alun , autant de
Borax , & le tout brouillé enfemble dans ces deux eaux , on met de

cette eau dans les yeux plusieurs fois le jour.

Mal de têtes.

IAune d'œuf, mië de pain , & un peu de sel, le tout battu ensemble , on en fait un bandeau qu'on applique sur le front , & on prendra un lavement composé d'urine & de Benedicte laxative , ou une feuille de Figuier sur la tête en se couchant & se la bander.

Retention d'urine & faire rendre le sable, & gravier par les urines.

FAire bouillir dans une chopine de vin blanc, une petite poignée de Melisse, autrement citronelle, le reduire à demi septier, & le faire boire à jeun au malade, à qui immediatement auparavant, on aura fait avaler trois pilules de beurre frais, grosses chacune comme une aveline, le malade ne mangera que deux heures aprés avoir pris cette potion & la continuëra trois jours de suite.

Faire tomber les porreaux en quelques endroits qu'ils soient.

UN poulmon de Brebis fraîche-ment tuée, en laisser bien égouter le sang, & aprés qu'il n'y en aura plus, presser le poulmon dans une presse il en sortira de l'eau, mettez-la à part dans une bouteille de verre, & vous frotte-rez de cette eau les porreaux trois fois par jours durant quinze jours, & ils s'en iront.

Pour guérir une morsure de vipere, ou Serpent.

Marrube ou Marrachemin.

Quinte feuille.

Lierre Terrestre.

Bouillon blanc.

Aigremoine.

ON fera bouillir dans du vin blanc jusqu'à ce qu'elles soient cuites, ces cinq sortes d'her-bes à la quantité d'une petite poi-

gnée chacune , on fera prendre
au blefsé un plein verre de la décoction , on fcarifiera tout au tour
la partie qui a été morduë , on l'é-
tuvera enfemble , les fcarifications
avec des herbes , & leur décoction
fort chaude , puis on appliquera
fur la bleffure un cataplafme de ces
herbes cuites , on reïterera la potion , & les fomentations deux fois
par jour jufques à guérifon.

La Colique.

LEs lavemens forts avec de l'u-
rine y font tres-bons mais ils
feront encore meilleurs, fi on peut
y mettre demy feptier de vin d'Ef-
pagne.

Pour les cors des pieds.

PRenez un limaffon appliquez
le fur le cors , & l'y envelopper d'un linge.

Tablettes de Rubarbe pour l'eftomach.

DEux onces de Rubarbe une
once de regliffe , huit onces
de fucre Rofat le tout en poudre

subtile , on fera diffoudre de la gomme Adragant dans un peu d'eau pour former des tablettes de ces poudres , & on les fera fecher dans l'étuve. On prend demie once de ces tablettes, ou en les faifant fondre dans un bouillon , ou les mâchant & prenant le bouillon par deffus , ou fans bouillon.

Defcente de Boyau.

IL faut reduire l'inteftin fi il eft touché , & appliquer fur l'endroit par où fe fait la defcente , un cataplafme compofé de graine de moûtarde pilée & mêlée avec un blanc d'œuf crû. Il faut le mettre fur des étoupes , on le laiffera fur le mal jufqu'à ce qu'il tombe de luy méme.

Autre.

IL faut tirer par l'Alambic de l'eau de Merifes autrement Cerifes fauvages blanches, & que l'arbre n'ait point été Anté , il faut que les Merifes foient meures. Le

malade en prendra un demy verre
le matin à jeun.

Rougeur, & foiblesse de yeux.

ON les lavera souvent de vin,
& on appliquera sur l'œil
malade comme un petit cataplasme
de l'herbe des Marguerites simples
que l'on fera mortifier sur une
pelle rouge , & que l'on broyera
avant que de l'appliquer.

Fiévre Tierce.

ORties grecques, ou griéches
pilées avec sel & vinaigre,
& on en fera cataplasme que l'on
appliquera sur les poignets avant
l'accez.

Dartres au visage & heresipelles.

DEux onces de litarge d'or
bien en poudre infusées dans
un pot de terre verny & couvert,
où vous mettrez demi septier de
fort vinaigre , du plus rouge ; aprés
ce prenez l'infusion, vous remuerez
le tout avec un petit bâton , &
laisserez ensuite rasseoir, jusques à

ce que le vinaigre foit devenu tres-
clair, verfez-le alors par inclination fans remuer les feces ou refi-
dence , & gardez cette teinture
dans une phiole : Pour vous en fervir vous en mettrez fur une affiette
& y joindrez autant de jus de citron recemment coupé que vous
meflerez bien enfemble , il fe fera
une pomade liquide tres-blanche,
dont vous froterez la dartre aupres
du feu, & un peu apres brouillerez
que vous appliquerez fur la partie
frotée de la méme pomade chaude, continuez & vous guérirez en
peu.

Quatre ou cinq goutes de cette
teinture dans un verre d'eau la
rendent blanche , on s'en peut
laver les mains & le vifage pour fe
rafraichir.

Hemoroïdes internes & externes.

Empliffez au mois de May une
bouteille à large coû des
fleurs jaunes du baffinet, autre-

ment pranuncule fimple, qui vien-
nent dans les prés, & y mettez par
deſſus autant d'huile d'olive que
vous pourrez en faire tenir, & pour
chaque pinte d'huile la moitié d'un
oignon de lys, que vous aurez groſ-
fierement concaſſé. Mettez vôtre
bouteille au Soleil, vous l'y tiendrez bien bouchée, & la rempli-
rez d'huile à meſure qu'elle ſe con-
ſommera pendant les premiers
jours, apres quoy vous la laiſſerez
le reſte de l'Eté au Soleil.

On applique ce Baume avec du
papier broüillart ſur les Hemoroïdes, ſur tout apres qu'on aura été
à la ſelle.

Autre.

Dans une bouteille pleine
d'environ une livre d'huile
d'olives, mettez-y trente ou quarante fouille-merdes en vie, on les
trouve à la campagne ſur les excremens des animaux, laiſſez-les dans

cette huile au Soleil , & de ce baume frotez . en les Hemoroïdes , &
y mettez un papier broüillard par
deſſus.

Tiſanne pour le Poulmon.

SCabieuſe , pimpenelle , plantain , bourſe de paſteur , ſanicle , bugle , veronique mâle & femelle , pied de lyon , pulmonaire,
Reine des prez , de chacun une
bonne pincée , mettez-les en trois
pintes d'eau. Faites boüillir & reduire à deux tiers , laiſſez le refroidir , & le coulez par un linge , y
ajoûtant une once & demie de ſucre roſat pour chaque pinte que
vous aurez de Tiſanne , uſez-en
deux verres le matin, & un apres
midy pendant quarante jours.

Onguent admirable pour ſes vertus.

PRenez quatre onces de ceruſe
de Veniſe , deux onces de litarge d'or , deux onces de Myrrhe
de la meilleure , demie once de

Camfre, le tout en poudre fine.
Huit onces de bonne huile d'olives, mêlez l'huile fur un feu doux
dans une terrine bien vernie, quand
elle commencera à fremir verſez-y
la ceruſe peu-à-peu neanmoins
avec une ſpatule de bois, la ceruſe
étant bien diſſoute, mêlez-y la
la litarge d'or auſſi peu-à-peu, remuant toûjours quand l'onguent
commencera à devenir de couleur
jaune, continuez à le faire cuire
doucement, remuant toûjours juſques à ce qu'il s'épaiſſiſſe, & qu'il
devienne d'une couleur noire jau-
née. ôtez alors la terrine de deſſus
le feu, & un peu apres verſez y la
Myrrhe remuant ſans ceſſe pendant un demy quart d'heure, mêlez-y enſuite le Camfre peu-à-peu,
remuant auſſi pour le bien incorporer, quand il le ſera couvrez la
terrine avec une ſerviette ou nape
pour conſerver l'odeur & la force

de ces deux dernieres drogues.

Cét onguent éteint les cancers, les écrouelles, *noli me tangere*, Gan. graine, fistules lacrimales, loups quelques vieux qu'ils soient, toutes les blessures de feu, douleurs de bras & de jambes, douleurs de goûtes, resout les nœuds provenans de la goutte, la migraine & mal de dents si on en met un emplâtre sur les arteres des temples. Il découvre & fait aboutir les maux cachez sans faire incision. Quand le mal est grand, il faut tous les jours un emplâtre nouveau, sinon l'emplâtre peut servir trois jours. Guérit les maux aux talons, cors aux pieds, dartres, galles, hemoroides, fait sortir les balles, éclats & esquilles, & perce les abcez.

F I N.

TABLE.

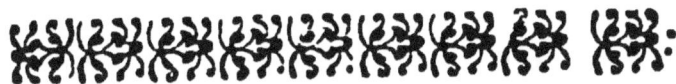

TABLE DES SECRETS
contenus en ce Livre.

A a

TABLE.

TABLE.

A a ij

TABLE.

TABLE.

TABLE

TABLE.

TABLE.

FIN.

www.ingramcontent.com/pod-product-compliance
Lightning Source LLC
Chambersburg PA
CBHW021508210326
41599CB00012B/1179